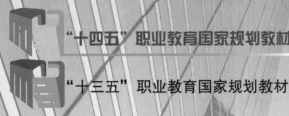

"十四五"职业教育国家规划教材

"十三五"职业教育国家规划教材

Revit 建筑建模技术

主　编　汤建新
副主编　杨海涛　胡　昱
参　编　李卫东　朱明苏　万绍发

机械工业出版社

建筑信息模型（Building Information Modeling）技术，简称 BIM 技术，给建筑行业带来了全新的变革。Revit 是 Autodesk 公司专为 BIM 技术应用而出品的一款三维参数化设计软件，可供设计和施工专业人员以模型为基础，将构想从概念设计发展成施工成果。

Revit 2018 是单一应用程序，集成了建筑、结构、机电三个专业的建模功能。本书以 Revit 2018 为操作平台，主要介绍 Revit 建筑（Architecture）建模功能，全书共十六个项目，每个项目中有若干个任务，主要内容包括 Revit 基本操作、标高和轴网的绘制、主体模型的创建、简单族的创建、场地与场地构件的设置、渲染与漫游、应用注释、布图与打印等。本书以典型工程案例（别墅）为载体，以建筑建模流程为线索，较为详细地介绍了 Revit 2018 强大的建模功能及其应用技巧。

本书内容结构严谨，应用针对性强；操作步骤清晰明了，图文并茂，非常适合作为高等、中等职业院校建筑工程、工程造价等土木类专业 BIM 技术的入门教材，也可作为从事 Revit 应用工作的工程技术人员初级和中级培训教材。

为方便读者练习，本书配套的项目文件电子资源已上传云端。网址：https://pan.baidu.com/s/1EIq509ruDmCGrsrvoblZeQ，密码：y4ap，读者可自行下载。本书还配有电子课件，凡使用本书作为教材的教师可登录机械工业出版社教育服务网 www.cmpedu.com 注册下载。教师也可加入"机工社职教建筑 QQ 群：221010660"索取相关资料，咨询电话：010-88379934。

图书在版编目（CIP）数据

Revit 建筑建模技术/汤建新主编 . —北京：机械工业出版社，2018.9（2025.1 重印）
"十三五"职业教育国家规划教材
ISBN 978-7-111-60807-3

Ⅰ.①R… Ⅱ.①汤… Ⅲ.①建筑设计–计算机辅助设计–应用软件–职业教育–教材 Ⅳ.①TU201.4

中国版本图书馆 CIP 数据核字（2018）第 204333 号

机械工业出版社（北京市百万庄大街 22 号 邮政编码 100037）
策划编辑：陈紫青 责任编辑：陈紫青
责任校对：佟瑞鑫 封面设计：马精明
责任印制：常天培
北京宝隆世纪印刷有限公司印刷
2025 年 1 月第 1 版第 15 次印刷
184mm×260mm · 14.25 印张 · 361 千字
标准书号：ISBN 978-7-111-60807-3
定价：58.00 元

电话服务　　　　　　　　　网络服务
客服电话：010-88361066　　机 工 官 网：www.cmpbook.com
　　　　　010-88379833　　机 工 官 博：weibo.com/cmp1952
　　　　　010-68326294　　金 书 网：www.golden-book.com
封底无防伪标均为盗版　机工教育服务网：www.cmpedu.com

关于"十四五"职业教育
国家规划教材的出版说明

为贯彻落实《中共中央关于认真学习宣传贯彻党的二十大精神的决定》《习近平新时代中国特色社会主义思想进课程教材指南》《职业院校教材管理办法》等文件精神，机械工业出版社与教材编写团队一道，认真执行思政内容进教材、进课堂、进头脑要求，尊重教育规律，遵循学科特点，对教材内容进行了更新，着力落实以下要求：

1.提升教材铸魂育人功能，培育、践行社会主义核心价值观，教育引导学生树立共产主义远大理想和中国特色社会主义共同理想，坚定"四个自信"，厚植爱国主义情怀，把爱国情、强国志、报国行自觉融入建设社会主义现代化强国、实现中华民族伟大复兴的奋斗之中。同时，弘扬中华优秀传统文化，深入开展宪法法治教育。

2.注重科学思维方法训练和科学伦理教育，培养学生探索未知、追求真理、勇攀科学高峰的责任感和使命感；强化学生工程伦理教育，培养学生精益求精的大国工匠精神，激发学生科技报国的家国情怀和使命担当。加快构建中国特色哲学社会科学学科体系、学术体系、话语体系。帮助学生了解相关专业和行业领域的国家战略、法律法规和相关政策，引导学生深入社会实践、关注现实问题，培育学生经世济民、诚信服务、德法兼修的职业素养。

3.教育引导学生深刻理解并自觉实践各行业的职业精神、职业规范，增强职业责任感，培养遵纪守法、爱岗敬业、无私奉献、诚实守信、公道办事、开拓创新的职业品格和行为习惯。

在此基础上，及时更新教材知识内容，体现产业发展的新技术、新工艺、新规范、新标准。加强教材数字化建设，丰富配套资源，形成可听、可视、可练、可互动的融媒体教材。

教材建设需要各方的共同努力，也欢迎相关教材使用院校的师生及时反馈意见和建议，我们将认真组织力量进行研究，在后续重印及再版时吸纳改进，不断推动高质量教材出版。

机械工业出版社

preface

建筑信息模型（Building Information Modeling）技术，简称 BIM 技术，是建筑 CAD 技术从基于点线面的二维表达向基于对象的三维形体与属性信息表达的转变。BIM 作为新兴的信息化技术，正成为国内外土木建筑工程信息技术研究与应用的最大热点，被预言会给建筑行业带来全新的变革。BIM 技术在提高设计和建设质量，降低建设成本，提高生产率等方面将起到积极作用。

Revit 是 Autodesk 公司专为 BIM 技术应用而出品的一款三维参数化设计软件，可供设计和施工专业人员以模型为基础，将构想从概念设计发展成施工成果。Revit 软件有助于 BIM 概念的落地实施，协助业主提高建筑项目的设计质量、减少成本，并降低环境影响，因此受到建筑工程行业的普遍关注。

Revit 2018 是单一应用程序，集成了建筑、结构、机电三个专业的建模功能。本书主要介绍 Revit 建筑（Architecture）建模功能，共十六个项目，每个项目中有若干个任务。本书以典型工程案例（别墅）为载体，以建筑建模流程为线索，较为详细地介绍了 Revit 2018 强大的建模功能及其应用技巧。

本书主要特色：

1. 做学一体。实现项目引领、任务驱动的学习方式，使读者能够自主学习。

2. 兼顾内容的系统性和实用性。根据建筑建模流程，较为系统地介绍软件建模知识和技能，简明扼要，内容实用。

3. 图文结合，通俗易懂。软件主要操作命令讲解均附以图片，流程步骤清晰，使初学者能够快捷高效地掌握 Revit 软件的基本应用。

此外，2020 年 12 月本书被评为"十三五"职业教育国家规划教材，根据教育部要求，教材在以下方面进行了内容更新和功能提升：

1. 本着落实立德树人、德技并修的要求，以培养学生终身学习、勇于探究、责任担当、科学精神等核心素养为主线，将爱国情怀、严谨细致、质量意识、工匠精神等融入到教材的各个部分。

2. 为适应教学信息化的要求，构建立体化、多维度学习方式，教材提供了与工作任务配套的微课教学视频资源，学生扫描书中二维码即可获得，方便了学生课前、课后的自主学习，拓展了课堂知识，充分发挥了"学材"功能。

本书适合作为高等、中等职业院校建筑工程、工程造价等土木类专业 BIM 技术的入门教材，也可作为从事 Revit 应用工作的工程技术人员初级和中级培训教材。

本书由上海市城市建设工程学校（上海市园林学校）高级讲师、一级注册结构工程师汤建新担任主编，上海市城市建设设计研究总院 BIM 中心主任、高级工程师、一级注册结构工程师杨海涛，上海市城市建设工程学校（上海市园林学校）高级讲师胡昱担任副主编，参编人员有上海市城市建设设计研究总院高级工程师、一级注册建筑师李卫东，上海市济光职业技术学院高级工程师、一级注册结构工程师朱明苏，上海千年城市规划工程设计股份有限公司欧特克认证 Revit 讲师万绍发。具体编写分工如下：项目二、项目三、项目六、项目十、项目十一由汤建新编写，项目一由杨海涛编写，项目四、项目五、项目九由胡昱编写，项目十三、项目十六由李卫东编写，项目十四、项目十五由万绍发编写，项目十二由朱明苏编写，项目七由汤建新、朱明苏编写，项目八由汤建新、万绍发编写。全书由汤建新、杨海涛负责组织编写人员，汤建新负责拟定大纲及统稿、审稿，李卫东负责提供别墅项目模型。

本书编写人员有着丰富的 BIM 实践和教学经验，但由于水平有限，书中难免存有不妥之处，恳请读者批评指正。

特别感谢上海市城市建设工程学校（上海市园林学校）、上海市城市建设设计研究总院 BIM 中心在编写过程中提供的大力支持。

编　者

二维码清单

名称	二维码	名称	二维码
启动与关闭		界面介绍	
视图控制		使用视图控制栏	
图元选择		常用的修改编辑工具	
选择样板文件		创建标高	
编辑标高		绘制墙体	
编辑墙体		创建复合墙体	
创建面层多材质复合墙		创建叠层墙体	
插入门、窗		编辑门和窗	

（续）

名称	二维码	名称	二维码
复制的功能		过滤器的使用	
视图范围与可见性		创建剖面视图	
绘制幕墙		编辑幕墙	
创建迹线屋顶		编辑迹线屋顶	
创建拉伸屋顶		编辑拉伸屋顶	
创建玻璃雨篷		编辑玻璃斜窗	
创建楼梯		编辑楼梯	
栏杆扶手的组成		创建栏杆扶手	
编辑栏杆扶手		"洞口"命令	

（续）

名称	二维码	名称	二维码
创建室外台阶		创建坡道	
柱的创建		梁的创建	
族简介		创建模型文字	
创建地形表面		编辑地形表面	
添加建筑地坪		子面域及创建场地道路	
放置场地构件		图形表现形式的使用	
设置构件材质外观		创建水平相机视图	
创建鸟瞰图		渲染设置	
渲染与渲染保存		创建漫游与编辑漫游	

（续）

名称	二维码	名称	二维码
漫游输出	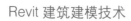	创建明细表视图	
编辑明细表		添加尺寸标注	
添加高程点和坡度		添加门窗标记	
创建图纸		编辑图纸	
导出为 CAD 文件		打印	

Contents

目 录

Revit 建筑建模技术

BIM 基本知识与 Revit 基础操作

【项目概述】

近年来，BIM（建筑信息模型）技术得到了国内建筑领域及业界各阶层的广泛关注和支持，它的出现和应用将为建筑业的发展带来革命性的变化。BIM 技术的应用涵盖工程建设的设计、施工、运维等各个阶段，它的全面应用将大大提高建筑业的生产效率，提升建筑工程的集成化程度，降低成本，给工程建设行业的发展带来巨大效益。

BIM 需要使用不同的软件来实现不同的应用，Revit 是一套构建 BIM 的基础软件，是我国建筑业 BIM 体系中使用最广泛的软件之一。

【项目目标】

1. 了解 BIM 的基本概念及其发展现状。
2. 对各类 BIM 软件有个基本认识，Revit 是其中一种建模的基础软件。
3. 学习 Revit 基础操作。

任务 1 BIM 基本知识学习

【任务描述】

了解 BIM 的基本概念和主要特点，以及国内外 BIM 发展概况，对 Revit 软件的功能有个基本认识。

【知识链接】

 1.1.1 BIM 的概念

BIM 是建筑信息模型（Building Information Modeling）的英文缩写，BIM 作为新兴的信息化技术，给建筑行业带来了全新的变革。BIM 技术在提高设计和建设质量、降低建设成本、提高生产率等方面将起到积极作用。

1. BIM 定义

在美国国家 BIM 标准中，BIM 被定义为：BIM 是一个设施（建设项目）物理和功能特性的数字表达；BIM 是一个共享的知识资源，为该设施从概念到拆除的全生命周期中的所有决策提供可靠依据；在项目不同的阶段，不同利益相关方通过在 BIM 中插入、提取、更新和修改信息，以支持和反映其各自职责的协同作业。

简单来说，BIM 技术是一项应用于项目从设计、施工、运营到拆除的整个全生命周期的数字化技术，BIM 技术以建筑工程项目的各项相关信息数据作为基础，通过数字信息仿真模拟建筑物所具有的真实信息，通过三维建筑模型，实现可视化设计、虚拟化施工、信息化管理、数字化加工等功能，通过与运维管理的结合以及信息数据的有效传递，最终实现 BIM 价值的最大化。

2. BIM 特点

基于 BIM 应用为载体的工程项目信息化管理，可以提升项目生产效率、提高建筑质量、缩短工期、降低建造成本。BIM 技术被一致认为有以下几方面的特点：

1）可视化：即"所见即所得"，对于建筑行业来说，可视化在项目建设各个阶段的真正运用所起到的作用是非常大的，例如设计方提供的施工图，是各个建筑构件信息在图纸上的平面表达，而真正的构造形式需要由施工人员自行理解。近几年建筑形式呈多样性，复杂造型不断推出，光靠人脑去想象就比较困难了。BIM 提供了可视化的思路，让人们将以往的平面表达的构件换成一种三维的立体实物模型展示在人们的面前；在 BIM 中，由于整个过程都是可视化的，所以可视化的结果不仅可以用于效果图展示以及报表的生成，更重要的是，项目设计、建造、运营过程中的沟通、讨论、决策都在可视化的状态下进行。

2）协调性：这个方面是建筑业中的重点内容，不管是施工单位还是业主及设计单位，无不在做着协调及配合的工作。在设计时，往往由于各专业设计师之间的沟通不到位，而出现各种专业之间的碰撞问题，例如暖通等设备专业中的管道在进行布置时，可能正好布置在此处的结构梁位置，这就是施工中常遇到的碰撞问题。BIM 的协调性特点可以帮助处理这种问题，也就是说 BIM 可以在建筑物建造前对各专业的碰撞问题进行协调，解决冲突。

3）模拟性：模拟性并不是只能模拟设计出的建筑物模型，还可以模拟不能够在真实世界中进行操作的事物。在设计阶段，BIM 可以对设计上需要进行模拟的一些建筑性能进行模拟实验，例如：节能模拟、紧急疏散模拟、日照模拟、热能传导模拟等；在招投标和施工阶段可以进行施工进度模拟，也就是根据施工的组织设计模拟实际施工，从而来确定合理的施工方案指导施工。

4）优化性：事实上工程项目的设计、施工、运营过程是一个不断优化的过程，没有准确的信息就无法做出合理的优化结果，现代建筑的复杂程度大多超过工程项目人员本身的判断能力，当信息复杂程度高到一定程度时，参与人员本身的能力就无法对所有的信息进行分析优化，必须借助科学技术和设备的帮助。BIM 不仅提供了建筑物实际存在的信息，包括几何信息、物理信息、规则信息，还可以提供建筑物变化以后的情况，借助 BIM 及与其配套的各种优化工具可以对复杂项目进行优化。比如进行项目方案的优化，把项目的设计和投资回报分析结合起来，设计变化对投资回报的影响就可以实时计算出来，这样业主就可以针对设计方案和投资回报进行综合的判断。

3. BIM 在国外的发展现状

BIM 技术从概念的提出到发展，再到工程建设行业的普遍认知，经历了几十年的时间，如今 BIM 技术在美国、英国、新加坡等国家已经得到了快速的发展。

美国是较早启动建筑业信息化研究的国家，发展至今，BIM 研究与应用都走在世界前列。目前，美国很多建筑项目已经开始应用 BIM，BIM 的应用点也种类繁多，各类 BIM 协会出台了多种 BIM 标准。美国总务署（General Service Administration，GSA）负责美国所有联邦设施的建造和运营，在 2003 年，为了提高建筑领域的生产效率、提升建筑业信息化水平，其下属的公共建筑服务（Public Building Service）部门的首席设计师办公室（Office of the Chief Architect，OCA）推出了全国 3D-4D-BIM 计划。3D-4D-BIM 计划的目标是为所有对 3D-4D-BIM 技术感兴趣的项目团队提供

"一站式"服务，虽然每个项目功能、特点各异，OCA 将为每个项目团队提供独特的战略建议与技术支持，目前 OCA 已经协助和支持了超过 100 个建设项目。从 2007 年起，GSA 要求所有大型项目（招标级别）都需要应用 BIM，最低要求是空间规划验证和最终概念展示都需要提交 BIM。所有 GSA 的项目都被鼓励采用 3D-4D- BIM 技术，并且根据采用这些技术的项目承包商的应用程度不同，给予不同程度的资金支持。

Building SMART 联盟（Building SMART Alliance，BSA）是美国建筑科学研究院（National Institute of Building Science，NIBS）在信息资源和技术领域的一个专业委员会，成立于 2007 年。BSA 致力于 BIM 的推广与研究，BSA 下属的美国国家 BIM 标准项目委员会（the National Building Information Model Standard Project Committee- United States，NBIMS-US）专门负责美国国家 BIM 标准（National Building Information Model Standard，NBIMS）的研究与制定。2007 年 12 月，NBIMS- US 发布了 NBIMS 第 1 版的第一部分，2012 年发布 NBIMS 第 2 版内容，2015 年发布 NBIMS 第 3 版内容。

英国是目前 BIM 应用增长速度最快的国家之一。2011 年 5 月，英国内阁办公室发布了"政府建设战略（Government Construction Strategy）"文件，对 BIM 技术应用提出明确要求，到 2016 年，政府要求全面协同的 3D- BIM，并将全部的文件以信息化管理。

英国政府明确发文，要求建筑行业的施工管理必须使用 BIM 技术，该强制性要求也得到了英国建筑业 BIM 标准委员会（AEC BIM Standard Committee）的大力支持。BIM 标准委员会的成员均来自于英国经常使用 BIM 技术的建筑行业从业者，由他们自行编写 BIM 标准，所以，制定的标准将不只停留在理论知识上，更多的是能直接运用到建筑行业的日常工作中。

新加坡是 BIM 技术开展较早的国家之一。新加坡负责建筑业管理的国家机构是建筑管理署（Building and Construction Authority，BCA）。在 BIM 这一术语引进之前，新加坡当局就注意到信息技术对建筑业的重要作用。BCA 于 2010 年成立了一个 600 万新币的 BIM 基金项目，鼓励新加坡的大学开设 BIM 课程、为学生组织密集的 BIM 培训课程、为行业专业人士建立了 BIM 专业学位。2011 年，BCA 发布了新加坡 BIM 发展路线规划（BCA's Building Information Modelling Roadmap），推动整个建筑业的 BIM 技术推广应用。

4. BIM 在我国的发展现状

目前我国建筑业正处在向现代化、信息化、工业化不断转型升级的关键时期，BIM 成为我国建筑业发展的必然选择。我国在 2011 年 5 月发布的《2011—2015 年建筑业信息化发展纲要》中明确提出要加快发展 BIM 技术应用，2015 年 6 月住建部发布《关于推进建筑信息模型应用的指导意见》，对建筑行业甲级勘察设计单位和特级、一级房建施工企业提出了明确的 BIM 目标；2016 年 8 月我国发布了《2016—2020 年建筑业信息化发展纲要》，2017 年以来，住房和城乡建设部及各地方建设负责部门出台的 BIM 技术政策更加细致，实操性更强，2017 年 5 月发布的《建筑信息模型施工应用标准》让中国建筑业有了可参考的 BIM 技术标准；2020 年 2 月，国务院办公厅发布《关于促进建筑业持续健康发展的意见》，要求加快推进建筑信息模型（BIM）技术在规划、勘察、设计、施工和运营维护全过程的集成应用，实现工程建设项目全生命周期数据共享和信息化管理。在国家政策的推动下，各级地方政府和企业也纷纷积极加大 BIM 的推广与研发力度，北京、上海、深圳、广东等很多省市先后推出 BIM 发展规划和应用目标，大型设计企业和施工企业成立了专门的技术研发部门，在一些大型项目上开展 BIM 实践。如：上海中心大厦、上海世博会中国国家馆、国家会展中心、北京中国尊、广州周大福金融中心（东塔）等。"十三五"期间，国内 BIM 技术应用保持快速发展的趋势，在国家和省市级政府，广大建设、设计、施工、监理、咨询企业，院校、协会及各社会组织的共同努力下，建立了 BIM 技术应用配套政策、标准规范和应用环境，初步形成了基于 BIM 技术的政府监管模式，基本实现了"规模以上政府投资工程中全面应用 BIM 技术"的目标。

在我国，建筑业属于一个繁杂的行业，具有多种不同类型及规模的企业。当前，BIM 技术在我国建筑业中的应用仍处于初期阶段，尽管我国已经有一部分项目开始运用了 BIM 技术，然而其中的大多数属于政府提供技术支持的大中型建筑工程项目，这些项目通过 BIM 技术的运用取得了巨大的成效。但在一些中小型建筑企业中，BIM 技术还只是一种未被广泛应用的新技术，因此，BIM 技术还具有很大的发展空间和前景。

在我国，BIM 技术应用一般对应工程项目的设计、施工、运营三个阶段被划分为设计阶段 BIM 应用、施工阶段 BIM 应用、运营阶段 BIM 应用三部分。

在设计阶段，BIM 技术下的建模设计过程是以三维状态为基础，与常规 CAD 基于二维状态下的设计有所不同。在 CAD 状态下的设计，绘制的墙体、柱等构件没有构件属性，只有由点、线、面构成的封闭图形。而在 BIM 技术下绘制的构件本身具有各自的属性，每一个构件在空间中都通过 X、Y、Z 坐标进行定位。在设计过程中设计师能够通过计算机屏幕虚拟出来三维立体模型，达到三维可视化设计，同时构建的模型具有各自的属性，比如柱子，包括位置、尺寸、高度、混凝土强度等属性，软件将这些属性数据保存为信息模型。同时各个专业的信息模型可以互相导入和共享，提供了协同设计的基础，可以在设计过程中及时发现各个专业之间互相矛盾的地方，另外通过专门的碰撞检查工具，也可以发现各专业之间有矛盾的构件，从而提高设计图的质量。

在施工阶段，BIM 技术为施工管理带来了方便。BIM 三维可视化功能加上时间维度，可以进行施工进度模拟，随时随地直观快速地将施工计划与实际进展情况进行对比。在进行施工模拟的同时，还可以对工程中施工的难点、重点进行虚拟演示、动态仿真，对重点或难点展现多种施工计划和工艺方案，进行择优选取。此外利用 BIM 技术进行有效协同，使项目参建各方都能对工程项目的各种问题和情况了如指掌，从而减少建筑质量问题、安全问题，减少返工和整改。利用 BIM 技术进行协同，可以更加高效地进行信息交互，加快反馈和提高决策效率。

在运营阶段，BIM 可以为业主提供项目建设过程中的所有项目信息，在施工阶段做出的修改将全部同步更新到 BIM 中，并形成最终的 BIM 竣工模型，竣工模型将为工程的运营维护提供依据，此外 BIM 可同步提供有关建筑使用情况、建筑性能、入住人员与容量、建筑已用时间，以及建筑财务等方面的信息，为运营管理提供决策依据。

1.1.2　建筑信息模型与 Revit

BIM 技术的实施需要借助不同的软件来实现，目前常用 BIM 软件的数量有几十甚至上百之多。对这些软件，很难给予一个科学、系统、精确的分类，美国总承包商协会（Associated General Contractors of American，AGC）将 BIM 软件分为八大类：

1）概念设计和可行性研究软件（Preliminary Design and Feasibility Tools），包括 Revit、Bentley Architecture、SketchUp、ArchiCAD、Vectorworks 等。

2）BIM 核心建模软件（BIM Authoring Tools），包括 Revit、Bentley BIM Suite、ArchiCAD、Vectorworks、SketchUp、Catia 等。目前国内一些软件厂商基于 Revit 软件进行了二次开发，比如天正、鸿业等。

3）BIM 分析软件（BIM Analysis Tools），按照类型可以分为结构分析、建筑物性能分析、模型检查和验证等软件。国内的 PKPM 系列软件包括结构分析、日照分析等；机电分析软件有鸿业、博超等；绿建分析软件有斯维尔等。

4）加工图和预制加工软件（Shop Drawing and Fabrication Tools）。

5）施工管理软件（Construction Management Tools），国内软件厂家广联达、鲁班的项目管理软件属于这个类型。

6）算量和预算软件（Quantity Takeoff and Estimating Tools），广联达、鲁班等软件厂家的造价软件属于这个类型。

7）计划软件（Scheduling Tools），用于进度计划的模拟等，比如 Navisworks、ProjecWise 等软件。

8）文件共享和协同软件（File Sharing and Collaboration Tools）。

总体上讲，BIM 软件可以划分为用于建立 BIM 的软件和使用 BIM 进行分析应用的软件两大类。上述八类软件中，前两类属于建模软件，后六类属于 BIM 应用分析软件。

对于 BIM 建模，目前主要有四个比较常见的软件，分别是 Revit、ArchiCAD、Bentley 系列、CATIA。Revit 是著名的 CAD 软件商 Autodesk 公司的产品，在民用建筑市场借助 AutoCAD 的优势，有很高的市场占有率；ArchiCAD 原来是 Graphisoft 公司的产品，后被 Nemetschek 收购，但 ArchiCAD 只有建筑一个专业的建模功能，限制了软件的市场；Bentley 系列产品在工厂设计和基础设施领域有一定的优势；CATIA 软件是 Dassault 公司的机械设计制造软件，在航空、汽车等领域应用比较普遍，但与工程建设行业项目特点的结合方面还有不足之处。

 1.1.3　Revit 概述

Revit 是 Autodesk 公司专为 BIM 技术应用而推出的专业产品，本书介绍的 Revit 2018 是单一应用程序，集成了建筑、结构、机电三个专业的建模功能。

Revit 是针对 BIM 专门打造的软件，可供设计和施工专业人员以模型为基础，将构想从概念设计发展成施工成果。Revit 软件有助于 BIM 概念的落地实施，协助业主提高建筑项目的设计质量、减少成本，并降低环境影响，因此受到建筑工程行业的普遍关注。Revit 软件主要有以下一些特点：

工程设计可视化：工程建设人员借助 Revit 软件，可以构建、查看、修改 BIM，从概念模型到施工文档的整个设计流程都在一个直观环境中完成，从而实现工程参与各方更好地沟通协作。

图纸模型一致性：在 Revit 模型中，所有的图纸、平面视图、三维视图等都是建立在同一个建筑信息模型的数据库中，图纸文档的生成和修改简单方便，因为图纸的生成是基于三维模型，模型和图纸之间有着紧密的关联性，所以模型修改后，所有图纸会自动修改，节省了大量的人力和时间。

构件建模参数化：Revit 软件提供墙、梁、板、柱等建筑构件进行建模，并在构件中存储相关的建筑信息。通过构件的组合，可以提供更高质量、更加精细的建筑设计，构建的 BIM 可以帮助捕捉和分析设计概念，保持从设计到建造的各个阶段的一致性。

数据统计实时性：Revit 支持实时设计可视化、快速估算成本和实时分析，可以帮助设计人员更好地进行决策。通过 Revit 可以获取更多、更及时的信息，从而更好地就工程设计、规模、进度和预算等做出决策。

【任务小结】

了解 BIM 的基本概念与含义，了解 BIM 技术在国外的发展状况，BIM 技术在我国的发展现状及取得的巨大成就。了解常用的 BIM 软件、Revit 软件与 BIM 的关系。

任务 2　**Revit 基础操作**

【任务描述】

本书将以 Revit 2018 版本为基础进行软件介绍。在任务中将学习 Revit 软件的基础操作，包括开启和关闭软件、视图控制、图元选择，熟悉 Revit 软件的操作界面，了解 Revit 软件的文件类型，会使用修改编辑工具。

【知识链接】

1.2.1　启动与关闭

启动与关闭

与 Windows 操作系统下的其他软件一样，在 Revit 2018 安装完成后，会在桌面和 Windows 开始菜单中增加 Revit 启动图标，Windows 开始菜单中的 Revit 图标位于 Autodesk 目录下的 Revit 2018 目录下。Revit 图标以及 Windows 开始菜单如图 1-1 与图 1-2 所示。

R Revit 2018
Revit 2018　R Revit 2018　R Revit Viewer 2018

图　1-1　　　图　1-2

在 Windows 开始菜单中，可以看到有 Revit 2018 和 Revit Viewer 2018 两个图标，选择 Revit 2018 启动正常的 Revit 模式，选择 Revit Viewer 2018 则启动 Revit 的只读模式，在这种模式下，只能查看模型，任何修改将不会被保存，是一种比较安全的查看模式。

通过双击桌面 Revit 2018 图标或者单击 Windows 启动菜单的 Revit 2018 图标，就可以启动 Revit 2018。在启动界面中可以看到最近使用的文件。Revit 2018 启动后的界面如图 1-3 所示。

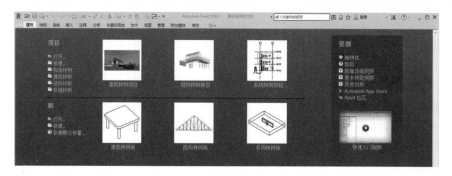

图　1-3

如果要关闭软件，可以单击软件界面右上角的关闭按钮 ×。

1.2.2　界面介绍

界面介绍

Revit 界面包括应用程序按钮、快速访问工具栏、帮助与信息中心、选项卡、选项栏、上下文选项卡、工具面板、属性面板、项目浏览器、绘图区域、状态栏、视图控制栏、工作集状态等界面内容。Revit 界面如图 1-4 所示。

1. 应用程序菜单

单击软件左上角的 文件 按钮，打开应用程序菜单，应用程序菜单中包括对文件的"新建""打开""保存""另存为"等操作，用于新建、打开、保存文件，另外"导出"命令可以将

Revit 文件存储为其他格式的文件，比如 CAD 格式、FBX 格式、IFC 格式等，用于在其他软件中打开文件。应用程序菜单如图 1-5 所示。

图　1-4

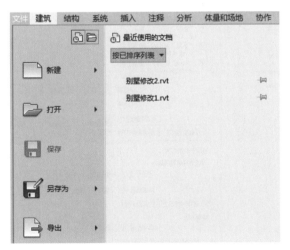

图　1-5

在应用程序菜单中有一个 选项 按钮，可以根据个人习惯对软件进行一些设定，包括文件自动保存的时间间隔、菜单的显示内容、界面的背景颜色、文件的存储位置等。如默认情况下绘图区域的背景是白色，如果想设置为黑色，可以单击"选项"面板中的"图形"选项，在"颜色"选项栏中将背景颜色改为黑色，如图 1-6 所示。

图 1-6

　　Revit 启动时默认显示最近使用的文件，如果不想显示，可以单击"选项"面板的"用户界面"选项，取消勾选"启动时启用'最近使用的文件'页面"，如图 1-7 所示。

图 1-7

2. 快速访问栏
　　快速访问栏可以方便使用者快速使用某些命令，比如打开、关闭文件命令按钮，测量、标注按钮，默认三维视图按钮等，快速访问栏默认位于软件界面的最上边一行，如图 1-8 所示。

图 1-8

快速访问栏的命令按钮可以根据需要进行修改，单击快速访问栏右侧的下拉列表按钮进行"自定义快速访问工具栏"的设置，根据需要进行勾选，如图 1-9 所示。

快速访问栏的命令按钮也可以自定义进行添加，首先在工具面板中显示需要添加的工具，比如复制工具，然后在该工具上单击鼠标右键，单击"添加到快速访问工具栏"，如图 1-10 所示。

图 1-9

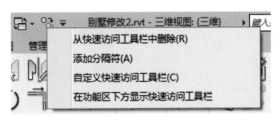

图 1-10

如果需要删除某个命令按钮，比如刚刚添加的，可以在需要删除的命令按钮上单击鼠标右键，单击"从快速访问工具栏中删除"即可，如图 1-11 所示。

3. 选项卡、工具面板、选项栏、上下文选项卡

Revit 的主要命令基本在选项卡与工具面板上都可以选择到。选项卡包括建筑、结构、系统、插入、注释、视图等内容，建筑、结构、系统三个选项卡对应工程设计的三个专业：建筑、结构和机电。本书重点针对建筑专业建模进行介绍。每个选项卡的工具面板内集中了与选项卡相关的操作命令，如图 1-12 所示。

较常用到的选项卡包括：

1）"建筑"选项卡：创建建筑专业模型所需的大部分工具。

2）"插入"选项卡：用于添加和管理外部文件，比如导入 CAD、Revit 文件。

3）"注释"选项卡：添加二维信息，比如文字、标记、线条、标注等。

图 1-11

图 1-12

4）"视图"选项卡：用于创建、管理视图以及显示方式。

5）"管理"选项卡：用于对项目和系统的参数设置与管理。

6）"修改"选项卡：用于编辑修改和管理现有的图元、数据等。

另外，当激活某些工具或选中图元时，会出现上下文选项卡，包含与选中图元相关的修改命令等，当取消选择时，上下文选项卡关闭。如选中一个墙体时，会自动激活"修改│墙"上下文选项卡，如图 1-13 所示。

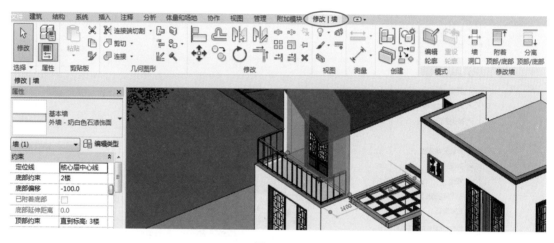

图 1-13

选项栏位于工具面板的下面，在选中图元时，选项栏会出现提示，并对选中的对象提供选项进行编辑，如图 1-14 所示。

图 1-14

4. 帮助与信息中心

用户在遇到使用问题时，可以尝试在"帮助与信息中心"栏中寻找帮助文件，查阅相关帮助，如图 1-15 所示。

图 1-15

对于工具面板中的命令工具，可以将鼠标停留在上面，软件会出现针对命令工具操作的简要介绍，停留时间稍长会出现动画操作提示，如图 1-16 和图 1-17 所示。

5. "属性"面板

"属性"面板用于显示选中图元的信息，如果没有选中图元，则显示当前视图的信息。"属性"面板如图 1-18 所示。

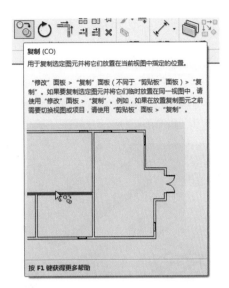

图　1-17

图　1-16

单击并拖动"属性"面板顶部可以移动并放置在绘图窗口的各个侧面，也可以浮动于窗口之上。单击右上角关闭按钮☒可以关闭"属性"面板。在"视图"选项卡的"用户界面"中，勾选"属性"选项可以再次显示"属性"面板，如图 1-19 所示。

图　1-18

图　1-19

属性分为实例属性与类型属性两类。实例属性指的是单个图元的属性，类型属性指的是一类图元的属性。当修改图元的实例属性时，与图元属于同一类型的其他图元的实例属性不会改变，而当修改类型属性时，则所有类型相同的图元的类型属性都会修改。

如同一个类型的窗户，类型名称为 C2427 的中式窗，"标高"和"底高度"属于实例属性，而窗的宽度和高度属于类型属性。在图 1-20 中一层和二层各有一个 C2427 类型的窗，选中二层的窗，修改窗户的"底高度"为 600.0 时，一层的窗户并没有改变，如图 1-21 所示；单击"属性"面板中的"编辑类型"按钮，弹出"类型属性"对话框，窗户的宽度由 2400.0 修改为 3000.0，如图 1-22 所示，单击"确定"按钮，一层和二层的窗户同时改变，如图 1-23 所示。

图　1-20

图　1-21

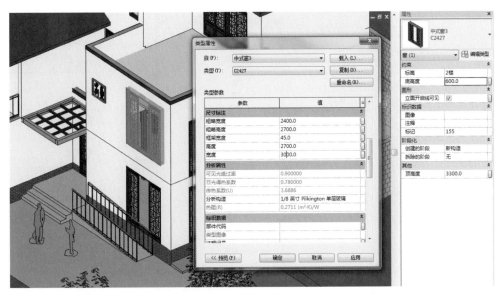

图　1-22

图　1-23

利用"属性"面板还可以修改选中图元的类型，单击顶部的"类型选择器"，在下拉列表中根据需要选择其他类型即可，如图 1-24 所示。

6. 项目浏览器

项目浏览器包括视图、明细表、图纸等内容，视图中包括各层平面、立面、剖面、三维视图等，在建立模型时，经常利用项目浏览器在不同视图之间切换，切换视图只需要双击需要转换到的视图名称即可，如图 1-25 所示。

"项目浏览器"的位置放置及打开、关闭操作与"属性"面板类似，可以在"视图"选项卡的"用户界面"中，通过勾选与取消"项目浏览器"选项实现打开和关闭，如图 1-26 所示。

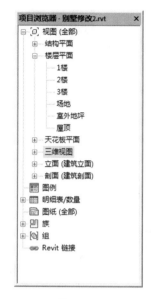

图 1-24   图 1-25   图 1-26

7. 状态栏

状态栏位于软件界面的底部，当使用某一工具时，状态栏会提供一些技巧提示，当选中图元时，状态栏会显示图元的类型名称，如图 1-27 所示。

单击可进行选择; 按 Tab 键并单击可选择其他项目; 按 Ctrl 键并单击可将新项目添加到选择! ▼ :0 主模型 ▼

图 1-27

1.2.3 Revit 文件类型

Revit 软件中主要的文件类型有4种，分别是项目文件、样板文件、族文件和族样板文件。

（1）项目文件　项目文件是 BIM 模型存储文件。其后缀名为".rvt"，在 Revit 软件中，所有的设计模型、视图及信息都被存储在 Revit 项目文件中。

（2）样板文件　样板文件是建模的初始文件，其后缀名为".rte"。不同专业不同类型的模型需要选择不同的样板文件开始建模，样板文件中定义了新建项目中默认的初始参数，例如默认的度量单位、楼层数量的设置、层高信息、线型设置、显示设置等。Revit 允许用户自定义样板文件，并保存为新的".rte"文件。

在新建项目文件的对话框中，可以看到有新建"项目"和"项目样板"两个选项，如图 1-28 所示。在样板文件的下拉式菜单中，可以看到有"构造样板""建筑样板""结构样板"等选项，如图 1-29 所示，同时还有 浏览(B)... 按钮可以选择自定义的样板文件。打开默认的"构造样板"，可以看到项目文件初始的设置，包括平面、立面、层数以及显示的设置。

（3）族文件　族文件的后缀名为".rfa"，族文件可以在应用程序菜单中新建。Revit 项目文件中的门、窗、楼板、屋顶等构件及注释都属于族文件。

Revit 软件自带一些典型的族文件，称为族库，默认族库安装位置在"ProgramData"-"Autodesk"-"RVT 2018"-"Libraries"目录下。对于 Revit 族库中没有的族，则需要自行建立。

图　1-28　　　　　　　　　　　　　　图　1-29

（4）族样板文件　族样板文件的后缀名为 .rft，创建可载入族的文件格式，创建不同类别的族要选择不同的族样板文件。

 1.2.4　视图控制

视图控制

视图控制是 Revit 软件的基础操作。Revit 中的视图是模型的三维投影、二维投影或者截面等，Revit 中的常见视图有三维视图、楼层平面视图、立面视图、剖面视图等，另外 Revit 视图还包括明细表和图纸视图，明细表是对模型中各类数据信息进行统计生成的表格，比如门明细表、窗明细表等，图纸视图是将 Revit 中的视图组织成为最终发布的图纸。

Revit 将所有可以访问的视图、明细表、图纸组织在项目浏览器中，利用视图操作工具可以对视图进行缩放、平移、旋转等控制操作。

1. 使用项目浏览器

用 Revit 进行建筑建模，经常利用项目浏览器在各视图之间进行切换。双击"项目浏览器"中的某视图名称则在绘图区可以打开该视图，如图 1-30 所示。

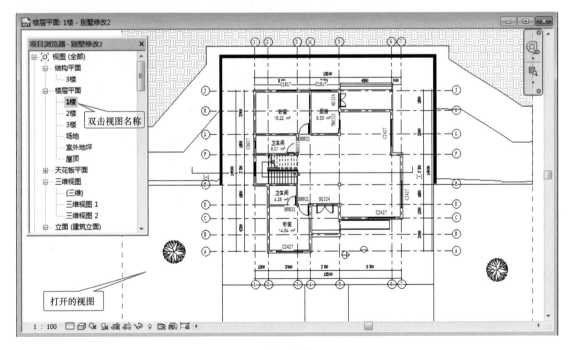

图　1-30

单击视图右上角的 按钮则关闭该视图。在绘图区域可以打开多个视图，但打开过多的视图会占用比较大的内存，因此当不需要某个视图时建议关闭。多个视图之间的切换可以在"视图"选项卡的"切换窗口"中，单击选择视图，如图1-31所示。

在"视图"选项卡的"窗口"面板中，还有"关闭隐藏对象""层叠""平铺"等命令按钮，用户可以一一尝试，如图1-32所示。

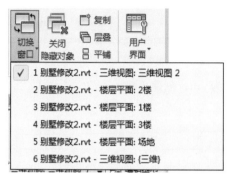

图 1-31

图 1-32

如需要查看模型内部，可将视图切换到"三维视图"中，再在"属性"面板中勾选"剖面框"选项，如图1-33所示，视图中模型周围会出现一个长方体框，鼠标单击选中该框，按住并拖动某一方向的控制标志可对模型进行任何位置的剖切，如图1-34所示。

图 1-33

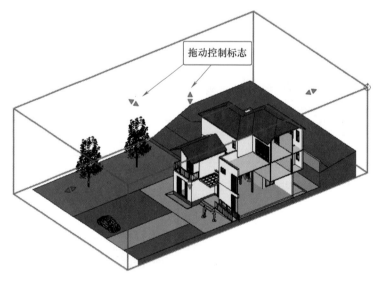

图 1-34

项目浏览器中的"明细表/数量"选项下有"门明细表""窗明细表"视图。双击"门明细表"，在打开的 明细表：门明细表 视图中显示了该项目所有门的统计信息，如图1-35所示。

2. 视图导航

视图的控制操作（放大、缩小、平移、旋转等）可以利用鼠标配合键盘功能键或者使用 Revit 提供的用于视图控制的"导航栏"进行操作。通常利用鼠标进行视图的控制操作比较方便。

〈门明细表〉					
A	B	C	D	E	F
类型	宽度	高度	注释	合计	框架类型
M0821	800	2100		5	
M0921	900	2100		7	
M1021	1000	2100		1	
M1224	1200	2400		1	
M1524	1500	2400		1	
TM1521	1500	2100		1	

图　1-35

示例：打开 Revit 2018 软件自带的样例文件 📄rac_basic_sample_project 。单击"文件"选项卡→"打开"→"项目"，在"打开"对话框中，按文件存放路径：安装盘：Program/Autodesk/Revit 2018/Samples 打开文件，切换至"Level 1"楼层平面视图，进行鼠标操作练习。

1）放大缩小：移动鼠标到需要放大或缩小的位置，向上滚动鼠标中键进行放大操作，向下滚动鼠标中键进行缩小操作，Revit 将以鼠标位置为中心，放大、缩小显示视图。

2）平移：按住鼠标中键不放，上下左右移动鼠标，Revit 将沿鼠标移动方向平移视图。移动到需要的位置后，松开鼠标中键，退出平移操作。

3）旋转：在三维视图中，可以对视图进行旋转操作。单击"快速访问栏"的"默认三维视图"按钮 ⌂，切换到三维视图，在视图中按住鼠标中键的同时，按住键盘的 < Shift > 键，上下左右移动鼠标，可以旋转视图中的模型。

除了鼠标操作外，还可以利用 Revit 提供的视图操作工具进行控制，视图导航栏如图 1-36 所示。

切换到"Level 1"楼层平面视图，单击控制盘，移动鼠标时将显示控制盘，在平面视图中显示二维控制盘，如图 1-37 所示。二维控制盘包括"缩放""平移""回放"三个选项。

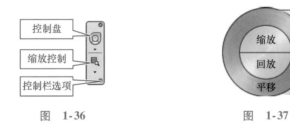

图　1-36　　　　　　　　　　图　1-37

用鼠标左键单击"缩放"选项并按住不放，向右向上移动鼠标，将以控制盘为中心放大视图，向左向下移动鼠标，将以控制盘为中心缩小视图，在完成缩放后松开鼠标左键，回到二维控制盘。

用鼠标左键单击"平移"选项并按住不放，上下左右移动鼠标，Revit 将按照鼠标移动方向平移视图，松开鼠标左键，回到二维控制盘。

用鼠标左键单击"回放"选项并按住不放，Revit 将以缩略图的形式显示对当前视图的历史操作，移动鼠标到缩略图，视图将按照缩略图显示。

对于二维控制盘的显示效果可以进行设置，包括控制盘外观、透明度、文字可见性等。单击控制盘右下角的下拉菜单按钮 ⊙，选择"选项"，打开对话框，如图 1-38 所示，可以根据个人习惯与喜好设置。

图 1-38

如要退出二维控制盘，可以单击"关闭"按钮 ⊠，或者按键盘上的 < Esc > 键退出。

在三维视图中，控制盘将显示为全导航控制盘。单击"快速访问栏"的"默认三维视图"按钮 ⬡，切换到三维视图，单击控制盘，移动鼠标时将显示全导航控制盘，如图 1-39 所示。在该控制盘中，除可以完成"缩放""平移""回放"等二维控制盘的操作功能外，还可以实现更多视图操作功能。

用鼠标左键单击"动态观察"并按住不放，上下左右移动鼠标，Revit 将按照鼠标移动方向转动模型，视图旋转的中心位置"轴心"以图标 ⊕ 表示。松开鼠标左键，回到全导航控制盘。

"轴心"位置可以设定，用鼠标左键单击"中心"并按住不放，移动鼠标将轴心 ⊕ 移动到希望的位置，松开鼠标完成设定。

全导航控制盘的一些其他功能用户可以自行尝试。控制盘有不同的导航盘样式，可以在右下角下拉式菜单 ⊙ 中选择，比如选择"全导航控制盘（小）"菜单，显示小控制盘样式，如图 1-40 所示。小控制盘实现的功能与大控制盘相同，将鼠标移动到小控制盘的不同位置上，会显示操作的文字提示。

为了准确地控制缩放，导航栏提供了缩放控制按钮 🔍，单击下拉式菜单 ▾，可以选择"区域放大""缩放匹配"等选项，如图 1-41 所示。

用鼠标左键单击缩放按钮 🔍 的"区域放大"选项，在视图中用鼠标单击需要放大区域的左上角，并按住鼠标，移动鼠标到需要放大区域的右下角，松开鼠标，需要放大的区域将充满视图。

选择下拉式菜单中的"缩放匹配"选项，Revit 将重新缩放视图，以显示视图中的全部图元。

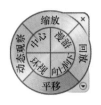

图　1-39

图　1-40

3. 使用 View Cube

除了使用鼠标、导航栏控制视图显示之外，还可以使用 View Cube 工具，方便定位到常用的三维视图。View Cube 位于视图窗口的右上角，如图 1-42 所示。

图　1-41

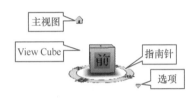

图　1-42

View Cube 立方体的各个顶点、边、面和指南针代表三维视图中不同的视点方向，单击 View Cube 的各个部位，可以切换到立方体所代表的不同视点，按住 View Cube 并拖动鼠标，可以旋转视图。打开 Revit 2018 软件自带的样例文件"建筑样例项目"，切换至默认三维视图，练习使用 View Cube，熟悉 View Cube 的不同视点。

View Cube 左上角有一个主视图图标，单击图标将显示默认主视图，如果需要重新设置默认主视图，可以先操作到需要的视图，然后单击 View Cube 右下角的"关联菜单"图标，展开下拉式菜单，选择"将当前视图设定为主视图"选项，如图 1-43 所示。在下拉菜单中，还有一个"选项"设定，可以根据喜好进行 View Cube 的个性化设置。

4. 使用视图控制栏

Revit 中，在每个视图的底部都有一个视图控制栏，用于控制视图的显示方式和显示状态，如图 1-44 所示。

本节主要介绍"视图样式""临时隐藏/隔离"的操作，其他的操作将在后面章节结合具体案例进行介绍。

（1）视图样式　单击"视图样式"按钮，视图样式有 6 种，分别是线框、隐藏线、着色、一致的颜色、真实、光线追踪，如图 1-45 所示。6 种视图样式的显示效果按顺序越来越好，但是占用计算机的资源也越来越大，显示刷新的速度也越来越慢。用户可以根据计算机的配置和视图表现的要求，选择合适的视图样式。"隐藏线"样式与"一致的颜色"样式的效果如图 1-46 所示，其他样式用户可自行对比。

图　1-43

使用视图
控制栏

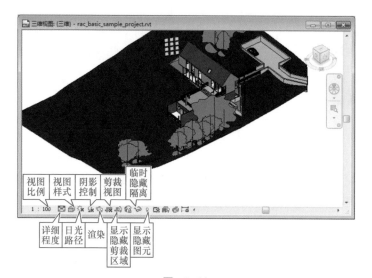

图　1-44 　　　　　　　　　　　　　　　　　　　　　　　图　1-45

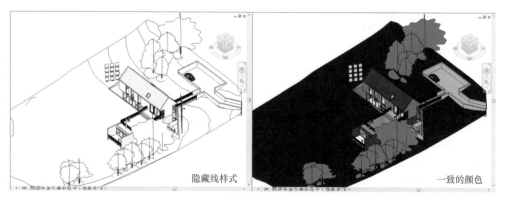

图　1-46

（2）临时隐藏/隐离　对视图中的图元，可以选择临时隐藏或者隐离显示。"临时隐藏/隐离"方式有 4 种：隔离类别、隐藏类别、隔离图元、隐藏图元，如图 1-47 所示。

1）隔离类别：只显示与选中对象相同类型的图元，其他图元将被临时隐藏。

示例：将视图切换至默认三维视图，鼠标单击选择建筑的窗户，窗户将高亮显示。单击视图控制栏的"临时隐藏/隐离"按钮

图　1-47

，在弹出的菜单中选择"隔离类别"选项，视图中将只显示与所选中窗户同一类别的窗户图元，隐藏其他所有图元，同时"临时隐藏/隐离"按钮变为，视图边框显示为湖蓝色，表示在"临时隐藏/隐离"模式下。再次单击"临时隐藏/隐离"按钮，选择"重设临时隐藏/隐离"选项，恢复显示被隐藏的图元。

2）隐藏类别：将临时隐藏与选中图元类型相同的所有图元。

示例：选择建筑屋面，单击视图控制栏的"临时隐藏/隐离"按钮，在弹出的菜单中选择"隐藏类别"选项，与选中屋面类型相同的所有图元被临时隐藏。再次单击"临时隐藏/隐离"按钮，选择"将隐藏/隐离应用到视图"选项，视图的湖蓝色框消失，"临时隐藏/隐

离”按钮变为 ，屋面仍然被隐藏，但无法通过“临时隐藏/隔离”按钮下的选项恢复。

继续单击视图控制栏的“显示隐藏图元”按钮 ⛯，视图边框以暗红色显示，被隐藏的屋面类型也以暗红色表示，如图 1-48 所示。在视图中选择屋面图元，单击鼠标右键，在弹出的菜单中选择“取消在视图中隐藏”选项下的“图元”选项，取消对屋面图元的隐藏。完成后单击 ⛯，恢复正常显示状态。

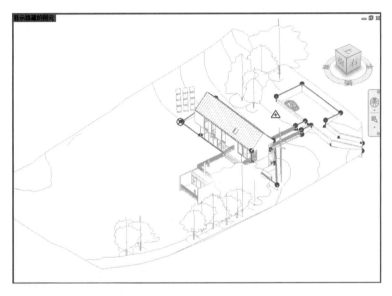

图　1-48

3）隔离图元：只显示被选中图元，其他图元将被隐藏。

4）隐藏图元：只隐藏被选中的图元。

1.2.5　图元选择

图元选择

图元选择是 Revit 的基础操作，被选择的图元以蓝色高亮显示，选择方式有多种，以下将逐一进行介绍。

示例：打开 Revit 2018 软件自带的样例文件样例项目 ▮ rac_basic_sample_project，切换至“Level 1”楼层平面视图。

1）单选：在将要被选择的图元上单击鼠标左键进行选择，当选择下一个图元时，上一个图元的选择将被取消。例如，对平面视图中“Kitchen & Dining”房间内的图元进行选择练习，在选中图元后，“属性面板”将显示图元的相关属性信息，“上下文选项卡”将显示与图元修改相关的内容。

2）<Ctrl +>选择：按住键盘 <Ctrl> 键的同时用鼠标选择图元，图元将被添加到当前已经被选择的选择集中。比如对餐椅的选择，首先用鼠标选择任意一个餐椅，然后按住 <Ctrl> 键，分别选择另外 7 个餐椅，此时 8 个餐椅被同时选中。

3）<Shift +>选择：按住键盘 <Shift> 键的同时，用鼠标选择已经被选择的图元，图元将被取消选择，从当前的选择集中移除。例如，按住 <Shift> 键，鼠标单击 8 个被选中餐椅中的一个，该餐椅的选择将被取消，此时只有 7 个餐椅被选择。

4）窗口选择：单击鼠标左键并拖动形成一个窗口，对窗口中的图元进行选择。如

图 1-49 所示，在视图中单击窗口选择范围的左上角，并按住鼠标不放，移动鼠标到右下角，松开鼠标，完成选择。观察所选中的图元，只有在窗口内的图元被选中。

如果用鼠标单击窗口选择范围的右下角，然后按住鼠标，移动到窗口选择范围的左上角，松开鼠标，则窗口内的图元和与窗口相交的图元将被全部选中。在本次选择中，可以看到除了上次窗口操作选择到的图元外，与窗口相交的其他图元也被选中，比如轴网等。

5）过滤器：在完成选择后，单击"上下文选项卡"的过滤器按钮，或者软件右下角的过滤器按钮，打开"过滤器"对话框，如图 1-50 所示。选择集中包括了各种类型的图元，比如专用设备、家具等，取消除家具之外的类别勾选，单击"确定"按钮关闭"过滤器"对话框，可以看到只有家具类型的图元被选中。

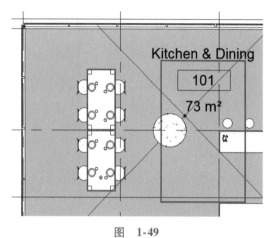

图 1-49	图 1-50

6）取消选择：按 <Esc> 键或者用鼠标单击视图的空白处取消选择。

7）选择全部实例：对于同一类型的图元，可以先选择其中一个，然后自动选择全部相同类型的图元。在一层平面中，选择一个餐椅，然后单击鼠标右键，在弹出的菜单中选择"选择全部实例"→"在视图中可见"选项，视图中的 8 个餐椅将被全部选中，如图 1-51 所示。

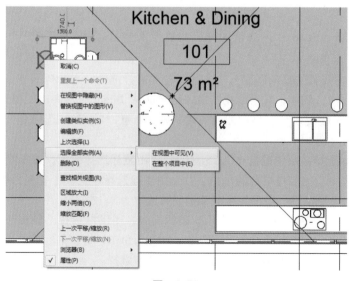

图 1-51

8）用 < Tab > 键循环选择：缩放一层平面视图，鼠标移动至餐盘的位置，如图 1-52 所示。循环按下 < Tab > 键，鼠标范围内的餐盘、餐椅、餐桌将被循环亮显，当需要选择的图元被亮显时，单击鼠标左键，进行图元选择。

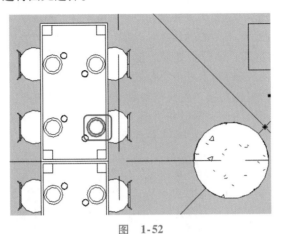

图　1-52

常用的修改编辑工具

1.2.6　常用修改编辑工具

1. 常规的编辑命令

在"修改"选项卡的"修改"面板中提供了常用的修改编辑工具，包括移动、复制、旋转、阵列、镜像、对齐、拆分、删除等命令，如图 1-53 所示。

示例：打开 Revit 2018 软件自带的样例文件样例项目 ⓡ rac_basic_sample_project，切换至"Level 1"楼层平面视图。

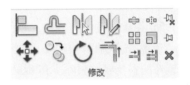

图　1-53

1）删除：在一层平面视图的"Kitchen & Dining"房间中，选择 8 个餐椅中除去左上角的 7 个餐椅，然后单击"删除"按钮 ✖，删除餐椅，剩余左上角餐椅。

2）移动：选择剩下的一个餐椅，单击"移动"按钮 ✛，在"选项栏"上勾选"约束"选项，可以保证被移动图元保持水平和垂直移动，如图 1-54 所示。在餐椅上移动鼠标，Revit 可以自动捕捉显示图元的特征点，比如端点、中点等，如图 1-55 所示，当捕捉到餐椅端点时，单击鼠标左键，移动鼠标到希望的位置，再次单击鼠标完成移动。也可以在选择完图元，第一次单击鼠标后输入移动的距离，然后按 < Enter > 键实现准确的移动。

图　1-54

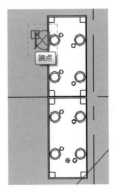

图　1-55

3）复制：选择餐椅，单击"复制"按钮，操作与移动操作基本相同。

4）对齐：选择餐椅，单击"对齐"按钮，对齐命令需要先选择对齐到的位置，在餐盘的位置附近移动鼠标，直到餐盘的水平中心轴线亮显，如图1-56所示，单击鼠标左键，该位置处显示蓝色参照平面，再次移动鼠标到餐椅的水平中心位置亮

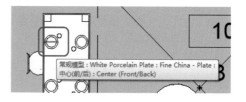

图 1-56

显，如图1-57所示；单击鼠标左键，餐椅与餐盘对齐。此时在对齐位置会出现一个锁定图标，如图1-58所示，单击该图标，图标变为，可以将图元的对齐关系锁定，当移动其中一个对齐的图元时，其他对齐图元会根据对齐关系同时移动。

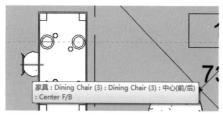

图 1-57

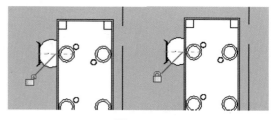

图 1-58

5）镜像：镜像有两种，一种是根据已有轴线镜像，一种是绘制轴线镜像。选择餐椅，单击"镜像-拾取轴"按钮，勾选选项栏中的"复制"选项，如图1-59所示，如果不勾选，被镜像的餐椅将被删除。移动鼠标到餐桌的中心位置，如图1-60所示，单击鼠标，实现镜像复制，按<Esc>键退出选择。对于绘制轴线镜像，需要自行绘制一个对称轴，其他操作基本相同，用户可自行练习。

修改 | 家具　☑复制

图 1-59

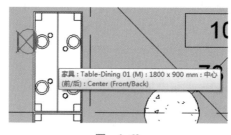

图 1-60

6）阵列：选择镜像后的餐椅，单击"阵列"按钮，在选项栏中选择阵列方式为"线性"，勾选"成组并关联"选项，设置"项目数"为4，设置"移动到"为"第二个"，勾选"约束"，如图1-61所示。移动鼠标到餐椅旁边的餐盘上，当餐盘"中点"特征点亮显时，如图1-62所示，点击鼠标左键，移动鼠标到下方的餐盘，当餐盘"中点"特征点亮显时，如图1-63所示，再次点击鼠标左键，完成阵列。

修改 | 家具　　激活尺寸标注　　☑成组并关联　项目数: 4　　　移动到: ◉ 第二个　◯ 最后一个　☑约束

图 1-61

其他修改编辑命令"偏移""拆分""修建/延伸"等，用户可根据帮助提示自行练习。

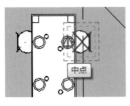

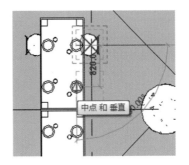

图　1-62

图　1-63

2. 图元的复制/粘贴

在 "Level 1" 视图中，选择 "Living" 房间中的椅子，如图 1-64 所示，单击 "修改│家具" 上下文选项卡→"剪贴板" 面板→"复制" 按钮，将所选椅子复制到剪贴板；然后单击 "粘贴" 按钮，移动鼠标到指定位置，单击鼠标左键放置椅子。如果需要粘贴椅子到其他楼层，可以单击 "粘贴" 按钮下部箭头，弹出下拉菜单，如图 1-65 所示，选择 "与选定的标高对齐" 选项，在弹出的对话框中选择 "Level 2"，如图 1-66 所示，单击 "确定" 按钮。在 "项目浏览器" 中，双击 "Level 2" 楼层平面名称，切换到 "Level 2" 二层平面视图，可以看到椅子已经被复制到二层的对应位置。

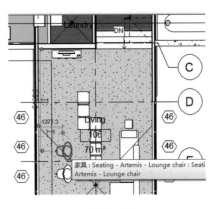

图　1-64

图　1-65

图　1-66

【任务小结】

本任务通过示例主要学习和掌握了 Revit 软件的操作界面及基础操作，包括开启和关闭软件、视图控制、图元选择，了解 Revit 软件的文件类型；要熟练使用常用的修改编辑工具。熟练掌握 Revit 软件的基础操作可提高创建模型的效率。

建筑模型创建准备

【项目概述】

自项目二开始，将以创建某别墅（图纸见电子资源）作为案例，学习整个建模过程。整个建模过程大致分为以下几个过程：

1）选择项目样板、新建空白项目。

2）创建项目标高、轴网。

3）创建主体模型（包括墙体、门窗、楼板、幕墙、屋顶和天花板、楼梯、坡道等构件）。

4）创建场地。

5）渲染、漫游和明细表统计。

6）创建图纸与布图。

首先，在创建建筑主体模型之前，应该进行项目的准备工作，包括新建项目及应用项目样板、保存项目、绘制项目标高和轴网等准备工作。

【项目目标】

1. 熟悉选择项目样板、新建和保存项目文件的方法。

2. 掌握创建和编辑标高的方法。

3. 掌握创建和编辑轴网的方法。

任务1 新建和保存项目

【任务描述】

了解 Revit 的文件格式；熟练掌握样板文件的选择，新建一文件名为"别墅"的项目文件并保存。

【知识链接】

1. Revit 的文件格式

如项目一所述，Revit 有四种文件格式：

1）项目样板文件格式，其后缀名为 . rte，包含项目单位、标注样式、文字样式、线型、线宽等内容。

2）项目文件格式，其后缀名为 . rvt，包含项目所有的建筑模型、注释、视图、图纸等项目内容，通常基于项目样板文件（rte 文件）创建项目文件，创建完成后保存为 rvt 文件。

3）族样板文件格式，其后缀名为 .rft，创建可载入族的文件格式，创建不同类别的族要选择不同的族样板文件。

4）可载入族的文件格式，其后缀名为 .rfa，根据需要创建的常用族文件。

2. 样板文件

新建任何一个项目前都需要根据项目特点选择特定的项目样板。

由于 Autodesk Revit 2018 软件自带的项目样板满足不了中国建筑设计规范的要求，因而在项目建模开始前，通常需要根据项目特点定义好项目样板，包括项目的度量单位、标高、轴网、线型、可见性等内容。选择合适的项目样板是提高项目建模效率的重要前提。

【任务实施】

 2.1.1 选择样板文件

说明：本任务中根据别墅项目特点及要求已事先设置好了项目样板，名称为"别墅样板.rte"。

设置好项目样板后，为快速地选择所需的样板，可设置样板路径。设置样板路径的步骤为：单击"文件"选项卡→右下角"选项"按钮，在弹出的"选项"对话框中单击"文件位置"→单击" ✚ （添加值）"按钮，如图 2-1 所示。在弹出的"浏览样板文件"对话框中，选择光盘/项目二/别墅样板.rte，将"别墅样板"添加到列表中，单击"确定"按钮，如图 2-2 所示。

选择样板文件

图 2-1

名称	路径
构造样板	C:\ProgramData\Autodesk\RVT 2018\Templates\Ch...
建筑样板	C:\ProgramData\Autodesk\RVT 2018\Templates\Ch...
结构样板	C:\ProgramData\Autodesk\RVT 2018\Templates\Ch...
机械样板	C:\ProgramData\Autodesk\RVT 2018\Templates\Ch...
别墅样板	C:\Users\jiaoxue2bu\Desktop\项目二\别墅样板.rte

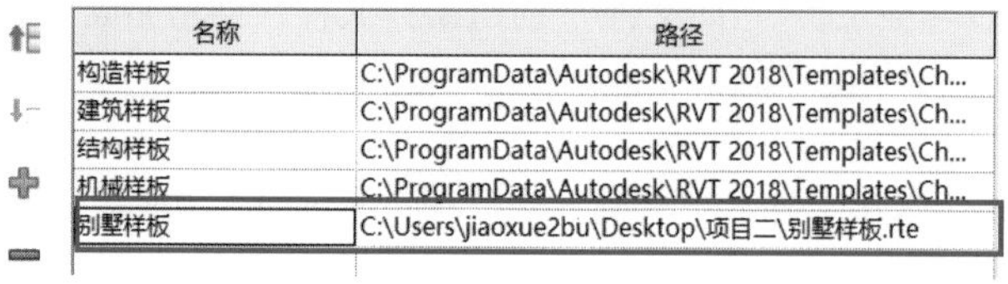

图 2-2

2.1.2 新建项目

启动 Revit 软件后，可以用以下任意一种方法新建项目文件：

1）单击"文件"选项卡→"新建"→"项目"命令，如图 2-3 所示。

2）在"快速访问工具栏"中单击"🗋新建"按钮。

3）快捷键 < Ctrl + N >。

在弹出的"新建项目"对话框"样板文件"下拉列表中选择"别墅样板"，并在"新建"栏中勾选"项目"选项，单击"确定"按钮，如图 2-4 所示。

说明：若需选择其他样板，也可在"新建项目"对话框中单击"浏览"按钮，按样板文件的存放路径进行选择。

图 2-3

图 2-4

2.1.3 保存项目

可以用以下任意一种方法保存项目文件：

1）单击"文件"选项卡→"🖫保存"按钮。

2）在"快速访问工具栏"中单击"🖫保存"按钮。

3）快捷键 < Ctrl + S >。

在打开的"另存为"对话框中，设置保存路径，输入项目文件名"别墅（空白）"，确认"文件类型"为"项目文件（*.rvt）"，单击"保存"按钮，完成项目保存。

【任务小结】

本任务初步了解了建筑建模的基本流程，熟悉 Revit 的四种文件格式，应熟练选择项目样板文件、新建与保存项目文件。同时，养成在工作过程中及时保存文件的习惯，以免意外造成工作成果的丢失。

任务 2 创建与编辑标高

【任务描述】

创建别墅项目标高，要求如图 2-5 所示。

图 2-5

【知识链接】

按照 Revit 绘图步骤，在创建建筑模型前，要绘制标高和轴网。标高用来定义楼层层高及生成平面视图。在 Revit 中，快捷高效的方法是先绘制标高再绘制轴网。

2.2.1 创建标高

说明：以下操作以 Revit 软件自带的"建筑样板"样板文件新建一个项目文件，默认文件名为"项目一"。

在"项目浏览器"框中展开"立面"项，双击任意视图名称，进入该立面视图，如图 2-6 所示，通常样板中会预设两个标高——标高 1 和标高 2，可根据需要修改名称和标高值。

1. 修改原有标高名称和标高值

（1）修改标高名称 进入任意立面视图后，单击标高 1，标高 1 将全部被选中，显示为蓝色，再单击"标高 1"字体框，"标高 1"将处于可被修改状态，此时可输入标高的新名称（如"F1"），如图 2-7 所示。接着单击视图的空白处，将弹出一个选择对话框，如图 2-8 所示，单击"是"按钮，即可完成对标高 1 名称的修改，同时观察，在"项目浏览器"框中"楼层平面"下，原视图"标高 1"的名称已变为"F1"。

同样方法可将标高 2 的名称修改为 "F2"。

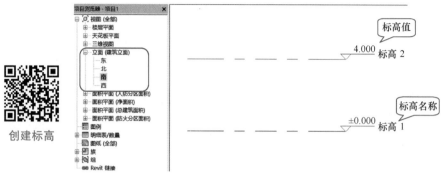

创建标高

图 2-6

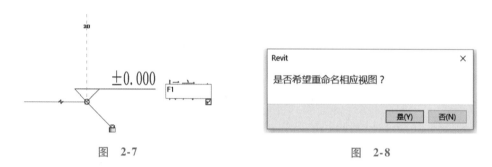

图 2-7   图 2-8

（2）修改标高值　标高符号上方（或下方）有表示高度的数值，根据项目需要可修改其高度值。如 F2 的原有标高值为 "4.000"，选中标高→单击该数字后，该数字变为可输入，如输入 "3.600"，则 F2 的楼层高度改为 "3.6m"。

注意：标高符号上方（或下方）的标高值单位为米（m），小数点后保留 3 位。

我们还可以通过调整标高线间的距离来修改标高值。单击 "F2" 标高线，蓝显后在 F1 与 F2 之间出现一个临时尺寸标注、一些控制符号和复选框，如图 2-9 所示。此时，单击临时尺寸上的标注值，该数字变为可输入，输入新值后，鼠标单击绘图区空白处。需要注意的是，该尺寸标注值的单位是毫米（mm）。

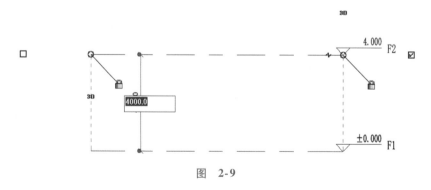

图 2-9

2. 绘制添加新标高

以绘制标高 "F3" 为例。单击 "建筑" 选项卡→ "基准" 面板→ "标高" 命令，确认 "绘制" 面板中标高的生成方式为 "直线"，确认选项栏中已勾选了 "创建平面视图" 选项；

移动光标到标高 F2 左端标头上方，待系统自动捕捉到与已有标头端点对齐的延伸虚线时，单击鼠标作为标高起点，沿水平方向向右移动鼠标至已有标高右侧端点位置，待再次出现与已有标头端点对齐的延伸虚线时，单击鼠标完成标高绘制，Revit 自动命名该标高为"F3"，如图 2-10 所示。按 <Esc> 键两次退出标高绘制模式。根据项目设计要求，可继续修改其标高名称和标高值。

说明：标高名称会根据项目样板中标高标头族文件的设置，进行自动排序，标高名称的自动排序是按照名称的最后一个字母或数字排序的，但汉字的数字"一、二、三……"不能自动排序。

图　2-10

绘制标高前，若在"选项栏"中勾选了"创建平面视图"并在"平面视图类型"选择框中，选择了"楼层平面"和"天花板平面"，则在完成标高绘制的同时，在"项目浏览器"框中自动添加了一个名称为"F3"的"楼层平面"和"天花板平面"，如图 2-11 所示。

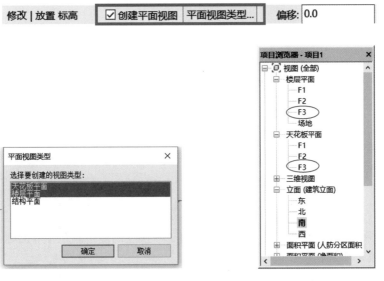

图　2-11

注意：如未勾选"创建平面视图"，绘制的标高仅为参照标高线，则不会在项目浏览器中自动添加相应的平面视图，其标头颜色为黑色，而具有相应平面视图的标高标头为蓝色，双击蓝色标头，视图可跳转至相应平面视图。

3. 复制、阵列标高

对于高层或复杂建筑物，需要多个标高。为提高工作效率，可用复制、阵列的方法快速添加标高。

（1）复制标高　选择"F3"标高，在激活的"修改标高"选项卡中，单击"修改"面板中的"复制"命令，在选项栏勾选"约束"及"多个"复选框，如图 2-12 所示。

说明：选项栏中的"约束"选项可以控制垂直或水平复制标高，勾选"多个"，可连续复制多个标高

图　2-12

鼠标单击 F3 标高上任意一点作为复制基点，向上移动光标，此时可输入新标高与被复制标高的间距数值，如"3000"（单位为 mm），输入数字后按 <Enter> 键，即完成一个标高的复制，标高名为"F4"，如图 2-13 所示；继续向上移动鼠标，输入数字，则可继续复制下一个标高。完成所需标高的复制后，按 <Esc> 键结束"复制"命令，也可单击鼠标右键，在弹出的快捷菜单中选择"取消"命令。

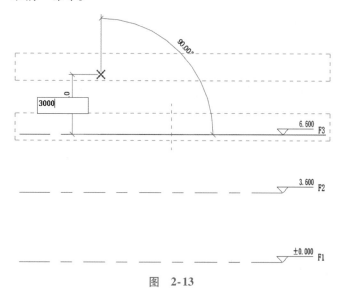

图　2-13

（2）阵列标高　用阵列方式绘制标高，适用于一次绘制多个间距相等的标高，此种方法适用于多层或高层建筑。

选择"F4"标高，在"修改标高"选项卡中，单击"修改"面板中的"阵列"命令，在选项栏中单击选择"线性"方式；取消勾选"成组并关联"复选框；在"项目数"栏中输入需要阵列复制的标高数，如输入项目数为"4"，即生成包含被阵列的对象在内的共 4 个标高；选择"移动到"的"第二个"选项，勾选"约束"复选框以保证垂直阵列，如图 2-14 所示。

说明：如勾选选项栏中的"成组并关联"复选框，阵列后的标高将自动为一个模型组，需要解组后才能调整标高的标头位置、标高高度等属性。

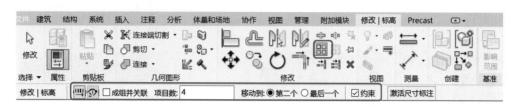

图　2-14

设置好选项栏后，用鼠标单击 F4 标高上任意一点作为复制基点，向上移动光标，输入标高间距"2800"，按 <Enter> 键，将生成包含 F4 在内的 4 个标高，即 F4、F5、F6、F7，各标高的间距均为 2800mm，如图 2-15 所示。

说明：如勾选选项栏中的"移动到"的"最后一个"，则阵列后的标高 F4 至 F7 间总距离为 2800mm。

4. 添加楼层平面

观察：通过复制或阵列命令创建的标高（F4、F5、F6、F7），其标头均显示为黑色，在"项目浏览器"中"楼层平面"下也均未生成相应的平面视图，如图 2-16 所示。

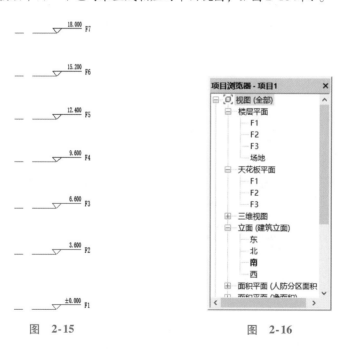

图　2-15　　　　　　　　　　　　图　2-16

如图 2-17 所示，单击"视图"选项卡→"创建"面板→"平面视图"下拉菜单→"楼层平面"命令，在弹出的"新建楼层平面"对话框列表中单击第一个标高 F4，再按住 <Enter> 键单击最后一个标高 F7 以选择全部标高，如图 2-18 所示，单击"确定"按钮。再次观察"项目浏览器"中"楼层平面"下已生成了新的楼层平面"F4、F5、F6、F7"视图，并自动打开"F7"平面视图。此时立面视图中的标高"F4、F5、F6、F7"的标头变成蓝色显示，如图 2-19 所示。

图　2-17

图　2-18

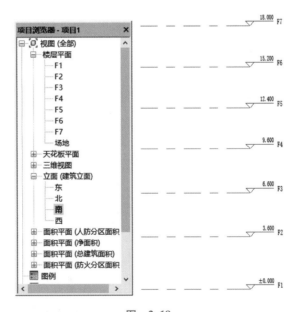

图　2-19

2.2.2　编辑标高

在 Revit 中，绘制一个标高实际是在三维空间沿高度方向上创建了一个水平面，如图 2-20a 所示为标高 F2 在空间上的平面；在立面视图、剖面视图等二维视图类别中，标高平面显示为在该视图平面（竖直面）上的投影线，如图 2-20b 所示。因此，在一个立面视图中绘制和修改标高，其他立面、剖面视图会自动修改标高的信息。

Revit 中标高的表达由标头符号和标高线线型两部分组成。如图 2-20b 所示，标头符号样式由该标高所采用的标头族定义，而标高线型则由标高类型参数中对应的参数定义。

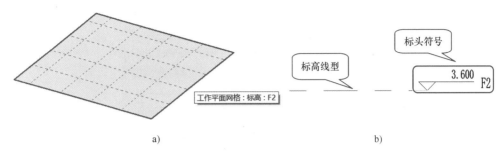

图 2-20

1）编辑标高的实例属性和类型属性。选择任意一个标高后，例如选择 F2，在"属性"面板中，在"立面"栏和"名称"栏中分别显示对应标高对象的高程值（单位：mm）和标高名称，如图 2-21a 所示，在此处可修改标高对象的高程值及标高名称，可以观察到标高标头上的标高值（单位：m）和标高名称相应发生变化。单击"属性"框中的"类型选择器"下拉列表，可从中选择标头符号的类型，如图 2-21b 所示。

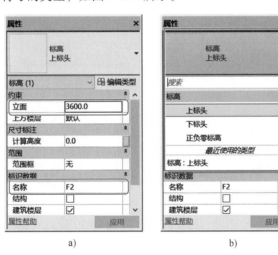

编辑标高

图 2-21

单击"属性"面板中的"编辑类型"按钮，弹出"类型属性"对话框，如图 2-22 所示，在"类型"下拉列表中同样可以选择标头符号类型，在"图形"项中，可以设置该类型标高线的颜色、线型图案、标头符号样式及在端点处的符号是否显示。如同时勾选"端点 1 处的默认符号""端点 2 处的默认符号"，单击"应用"，可以观察到，该类型标高线两端均显示了标高符号。类型属性设置完毕后，单击"确定"按钮退出"类型属性"对话框，观察视图中标高线、标头符号的变化。

2）选择任意一根标高线，例如选择 F2，会显示临时尺寸、一些控制符号和复选框，如图 2-23 所示，可以编辑其尺寸值、单击并拖曳控制符号，还可以进行整体或单独调整标高标头位置、控制标头隐藏或显示、标头偏移等操作。

① 单击标头外侧"隐藏/显示编号"方框，可单独控制关闭/打开该标高标头符号的显示。

② Revit 会自动在端点对齐标高，并显示对齐锁定标记🔒，单击"F2"标头端点位置的空心圆圈并按住左右拖动鼠标，将同时修改所有已对齐端点的标高端点水平位置。单击对齐锁定标记🔒，则解除对齐锁定，标记显示为🔓，此时单击并按住移动标头端点位置的空心圆圈，则

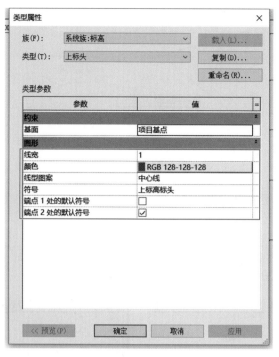

图 2-22

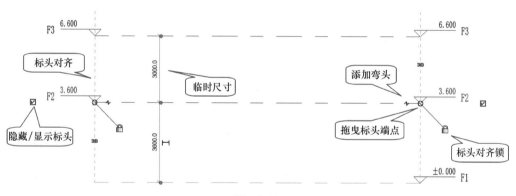

图 2-23

可单独拖曳"F2"标高端点水平位置，而不影响其他标高。当再次拖曳到与其他标高标头对齐的位置并出现蓝色对齐虚线时，松开鼠标左键，Revit 将再次对齐并自动锁定标高端点，显示标记🔒。

③ 单击标头附近的"添加弯头"符号，可给标高线添加弯头，单击蓝色"拖曳点"按住鼠标不放，调整标头位置，如图 2-24 所示，当两个"拖曳点"位于水平位置时标高线恢复原状。

图 2-24

【任务实施】

1）打开"别墅（空白）. rvt"文件，另存为"别墅-标高. rvt"文件。

2）在项目浏览器中展开"立面（建筑立面）"项，双击视图名称"南"，进入"立面：南"视图，如图 2-25 所示。

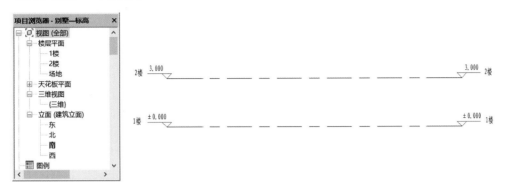

图 2-25

3）设置 1 楼与 2 楼间的层高为 3.5m。将"2 楼"标头上的标高值修改为 3.500，或单击选择"2 楼"标高线，将"1 楼"与"2 楼"标高线间的临时尺寸标注修改为"3500"。

4）绘制"室外地坪"标高。单击"建筑"选项卡→"基准"面板→" 标高"命令，选择" 直线"绘制方式；选项栏中勾选"创建平面视图"选项，在"平面视图类型"中选择"平面视图"；在"1 楼"标高下方适当位置绘制新的标高，修改临时尺寸标注为"450"，修改标高名称为"室外地坪"；在"属性"框"类型选择器"中选择"GB-下标高符号"，如图 2-26 所示；单击"属性"框"编辑类型"，在弹出的"类型属性"对话框中，勾选"端点 1 处的默认符号"，单击"确定"按钮。绘制效果如图 2-27 所示。同时注意观察项目浏览器"视图"→"楼层平面"项下新增了"室外地坪"视图，如图 2-28 所示。

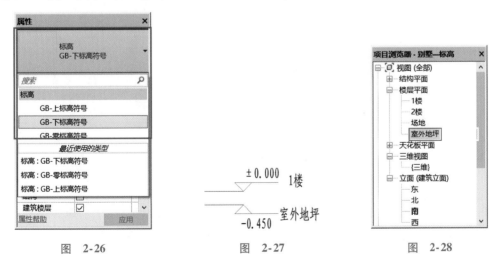

图 2-26　　　　　　　　　　图 2-27　　　　　　　　　　图 2-28

5）利用"复制"命令创建"3 楼""屋顶"标高。选择"2 楼"标高，在激活的"修改标高"选项卡中，单击"修改"面板中的" 复制"命令，在选项栏勾选"约束"及"多个"复选框，移动光标在"2 楼"标高线上单击捕捉一点作为复制基点，垂直向上移动光标，输入间距值 3000，单击鼠标复制第一个标高；继续垂直向上移动光标，输入间距值 3000，单击复制第二个标高；按 <Esc> 键结束"复制"命令，将复制的第一个、第二个标高名称分别修改为"3 楼"和"屋顶"。

观察：复制创建的"3 楼""屋顶"标高，其标头显示为黑色，同时在项目浏览器"视图"→"楼层平面"项下并未生成"3 楼""屋顶"视图。

6）创建"3 楼""屋顶"楼层平面。单击"视图"选项卡→"创建"面板→"平面视图"下拉菜单→"楼层平面"命令，在弹出的"新建楼层平面"对话框列表中，同时选择"3 楼"和"屋顶"，单击"确定"按钮。再次观察"项目浏览器"中"视图"→"楼层平面"项下新增了"3 楼""屋顶"视图，软件自动切换到"楼层平面：屋顶"视图。

在项目浏览器中双击"立面（建筑立面）"下的"南"，再次切换回"立面：南"视图，观察标高"3 楼""屋顶"的标头显示为蓝色。

7）完成图 2-5 中别墅所有标高的创建，保存文件。

【任务小结】

本任务需重点掌握创建和编辑标高的方法，标高的 2D、3D 显示模式的不同作用，标高标头的显示控制，如何生成对应标高的平面视图等功能的应用。

任务3 创建轴网

【任务描述】

创建别墅项目轴网，如图 2-29 所示（图中尺寸仅供绘制用，不需标注）。

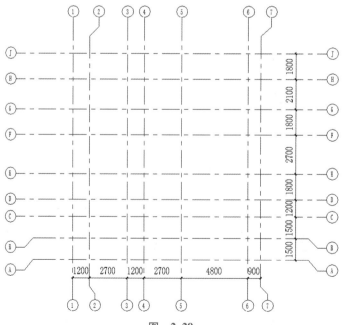

图 2-29

【知识链接】

标高创建完成后，可以切换到任意平面视图来创建轴网，Revit 中轴网只需在一个平面视图中绘制一次，其他平面、立面和剖面视图中都将自动显示。下面结合别墅项目，学习如何绘制和编辑轴网。

【任务实施】

 ### 2.3.1 绘制轴网

绘制步骤如下：

1）打开上节保存的"别墅-标高.rvt"文件。

2）在项目浏览器中双击"楼层平面"下"1楼"视图，打开"楼层平面：1楼"视图。单击"建筑"选项卡→"基准"面板→"⊞轴网"命令或键盘输入快捷命令"GR"，激活"修改 | 放置轴网"上下文选项卡，确认"属性"面板中轴网的类型为"10mm"编号，在"绘制"面板中选择适当绘图命令（如选"直线 ✓"），设置选项栏中"偏移"值为"0.0"。

3）绘制竖向轴线。移动光标到绘图区域左下角适当位置单击鼠标作为轴线起点，自下向上垂直移动光标到合适位置再次单击作为终点，即第一条竖向轴线创建完成，轴号默认为①。按键盘 Esc 键一次，退出绘制状态。

技巧：确定起点后按住键盘 <Shift> 键不放，Revit 将进入正交模式，可以约束在水平或垂直方向绘制。

说明：如果绘制的轴号不是①，可单击选择该轴线，再单击轴号可将其参数值修改为"1"。

利用复制方式可以快速生成其他轴线。单击选择轴线①，激活"修改 | 轴网"选项卡，单击"修改"面板→"❀（复制）"命令，在选项栏中勾选"约束"和"多个"，如图 2-30 所示。

图 2-30

在轴线①上单击捕捉一点作为复制基点，然后水平向右移动光标，输入轴线间距值 1200 后，按 <Enter> 键（或单击鼠标）完成②号轴线的复制。保持光标位于新复制的轴线右侧，分别输入 2700、1200、2700、4800、900 后依次单击，复制③~⑦轴线，完成结果如图 2-31 所示。可以看到，绘制过程中，轴号将自动排序。

说明：使用复制功能时，勾选选项栏中的"约束"复选框，可控制按水平或垂直方向复制；勾选"多个"复选框可进行连续复制。

图 2-31

4）绘制横向轴线。继续使用"🏗️轴网"命令绘制水平方向的轴线，移动光标到①号轴线标头左上方适当位置，单击鼠标左键作为起点，自左向右水平移动到合适位置再次单击作为终点，即第一条水平轴线创建完成。此时轴号自动延续最后一条竖向轴线的编号，编号为⑧。

选择上一步创建的水平轴线，单击轴线标头将其轴号修改为"A"，即完成了④号轴线的创建。

利用"复制"命令，用与绘制水平轴线同样的方法，创建Ⓑ~Ⓙ号轴线，轴线间尺寸如图2-29所示。

注意：按照我国制图规范，不能以Ⅰ字母进行轴线编号，故需将系统自动生成的轴线①的轴号修改为Ⓙ。

2.3.2 编辑轴网

绘制完轴线后，需要在平面视图中手动调整轴线标头位置。

在"楼层平面：1楼"视图中，选择任意一根轴网线，如单击选中⑥号轴线，会显示临时尺寸标注、一些控制符号和复选框，如图2-32所示。

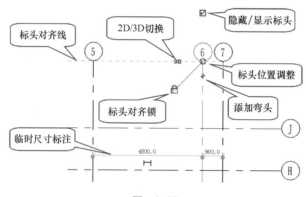

图　2-32

1）调整轴网标头位置。选择一根轴网线后，所有对齐轴线的端点位置会出现一条对齐虚线，在"标头位置调整"符号（空心圆圈）上单击鼠标左键并按住拖曳，可整体调整所有标头的位置。如果只移动单根轴线标头位置，则需单击"标头，齐锁"🔒，使其处于打开状态🔓，再拖曳轴线标头位置。

轴网可分为2D和3D状态，单击2D或3D可切换状态，"3D"状态下，轴网端点显示为空心圆，2D状态下，轴网端点显示为实心点，如图2-33所示。在3D状态下，所有平面视图中的轴线端点同步联动，如图2-34a所示；在2D状态下，则只改变本视图的轴线端点位置，如图2-34b所示。

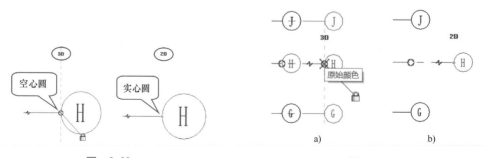

图　2-33　　　　　　　　　　　　　　　　　图　2-34

2）调整轴号位置。在"楼层平面：1楼"视图中，选择⑦号轴线，单击标头附近的折线形的"添加弯头"符号，如图2-35a所示，轴线添加了弯头并显示出两个蓝色实心圆形的"拖曳点"，单击"拖曳点"，按住鼠标拖动可以调整轴号位置，如图2-35b所示。

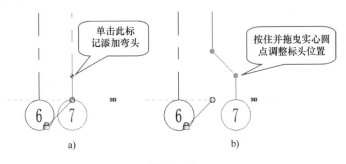

图 2-35

同样方法，可以调整其他轴号的位置。

观察：切换到其他楼层平面视图，可以发现，轴号位置并未发生同样变化。

切换回"楼层平面：1楼"视图中，框选所有轴网，激活"修改|轴网"选项卡，在"基准"面板中，单击" 影响范围"命令，弹出"影响基准范围"对话框，如图2-36所示，选择需要影响的视图，单击"确定"按钮。可以观察到，所选各平面视图轴网将会产生如同"楼层平面：1楼"的变化。

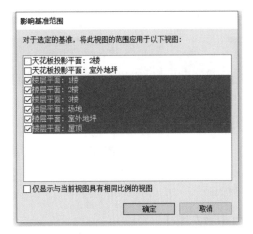

建议：轴网创建完成后，在任意平面视图中，框选所有轴线，自动激活"修改|轴网"选项卡，单击"修改"面板→" 锁定"命令锁定轴网，以避免以后工作中由于误操作而移动轴网位置。

3）完成轴网的绘制与编辑后，将文件保存为"别墅-标高轴网.rvt"文件。

图 2-36

【任务小结】

本任务需重点掌握创建和编辑轴网的方法，2D、3D显示的不同作用，影响范围命令的应用及轴网标头的显示控制。通过学习标高和轴网的创建，可以知道，在创建过程中，虽然标高和轴网的创建并无严格意思的先后关系，但推荐的流程为先绘制标高，再绘制轴网。这样在立面图中，轴号将显示于最上层的标高之上，这也决定了轴网在每一个标高的平面视图都可见。读者可自行练习体会。

创建轴网和标高是建筑建模定位的重要依据，创建过程中需要认真、细致，确保数据正确、定位准确。

【项目概述】

本项目学习创建墙体、门窗、楼板的方法，完成别墅首层模型（包括墙体、门窗和楼板）。

【项目目标】

1. 熟悉墙体实例属性、类型属性的设置，熟练绘制及编辑墙体。
2. 熟悉门、窗实例属性、类型属性的设置，熟练将门、窗添加到项目中。
3. 熟悉楼板实例属性、类型属性的设置，熟练创建与编辑楼板。

任务 1　创建首层墙体

【任务描述】

创建别墅首层墙体，平面如图 3-1 所示。外墙类型为："叠层墙：外部叠层墙-灰砖 + 奶白色石漆饰面"，厚度为 210mm；内墙类型为"基本墙：石灰砖"，除注明外，其余厚度为 180mm。

【知识链接】

墙体是建筑的最基本的模型构件，也是建筑物的重要组成部分，在实际工程中，根据各部位的墙体功能不同，可以分成多种类型。Revit 提供了创建墙的工具，创建墙体时，需要先定义墙体的类型，包括墙厚、构造做法、材质、功能等，再指定墙体的平面位置、高度等参数及图纸的粗略、精细程度的显示，内外墙体区别等。

在 Revit 中，墙属于系统族，提供了 3 种类型的墙族：基本墙、叠层墙和幕墙。

 3.1.1　绘 制 墙 体

1. 选择绘制墙命令

绘制墙体

在平面视图中，如打开"楼层平面：1 楼"视图。单击"建筑"选项卡→"构建"面板→"墙"下拉按钮，如图 3-2 所示，可以看到有"墙：建筑""墙：结构""面墙""墙：饰条""墙：分隔条"共 5 种类型可选择。"墙：建筑"用于分割空间；"墙：结构"用于承重，可启用分析模型；"面墙"用于体量或常规模型创建墙体；"墙：饰条"、"墙：分隔条"命令在平面视图中灰显，无法调用，只有在三维视图中才能激活，用于对已有墙体添加墙饰条、墙分

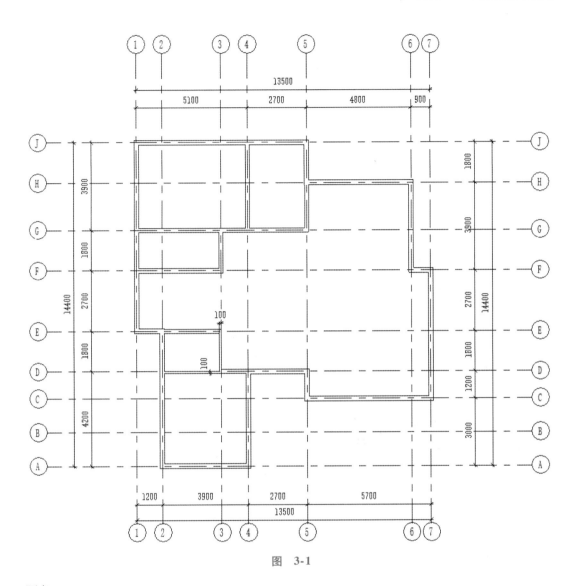

图　3-1

隔条。

　　选择"墙：建筑"命令后，在选项卡中自动出现"修改|放置墙"上下文选项卡，在功能区下方新出现相应的选项栏，如图3-3所示。

　　"属性"框由"楼层平面"视图属性变为"墙"属性，如图3-4所示。

　　2. 选择墙体绘制方式

　　在"绘制"面板中选择合适的绘制方式。如图3-3所示，"绘制"面板中提供了若干种绘制方式，如直线、矩形、多边形、圆形、弧线等。如果有导入的二维DWG平面图作为底图，可以选择"拾取线"命令，拾取DWG平面图中的墙线，自动生成Revit墙体。也可以通过"拾取面"命令拾取体量的面生成墙。

图　3-2

　　3. 选择墙类型或设置新的墙类型

　　要创建墙体图元，首先应选择或创建墙的类型，墙类型设置包括结构厚度、构造做法、材

图　3-3

质及显示等。

（1）选择已有墙类型　在"属性"框中，单击"类型选择器"下拉列表，选择需要的墙类型，如选择类型"普通砖-180mm"，如图 3-5 所示。

图　3-4　　　　　　　　　　　　　　　　　图　3-5

（2）新建墙类型　参看本任务后【知识加油站】。

4. 在"选项栏"设置墙体参数

1）"高度/深度"："高度"指从当前视图向上创建墙体，"深度"指从当前视图向下创建墙体。

2）"未连接"：下拉列表中包括各个楼层标高可供选择，在"未连接"选项中，可以在后面的数字栏中设置墙体高度；如选择某楼层标高，则墙体高度由标高确定，后面的数字栏不可输入。

3）"定位线"：墙的定位线用于指定墙体的哪一个面与将在绘图区域中选定的线或面对齐。在"定位线"栏下拉列表中有 6 种墙的定位方式："墙中心线""核心层中心线""面层面：外部""面层面：内部""核心面：外部""核心面：内部"。"墙中心线"指包括各构造层在内的整个墙体的中心线，"核心层中心线"指墙体结构层中心线。由于墙体结构层内外两侧的构造层厚度可能不同，"墙中心线"与"核心层中心线"并不一定会重合。

如图 3-6 所示为基本墙构造做法示例。

在"定位线"栏中选择不同的定位方式，以某参照平面为捕捉基准，从左向右绘制出的墙体，其定位位置如图 3-7 所示。

说明：Revit 中墙体有内外之分，顺时针绘制墙体时，墙体外部边位于外侧（从左向右绘制出的墙体，外部边位于上侧）。

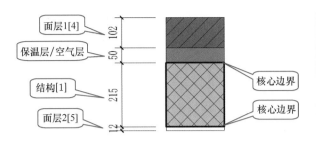

图　3-6

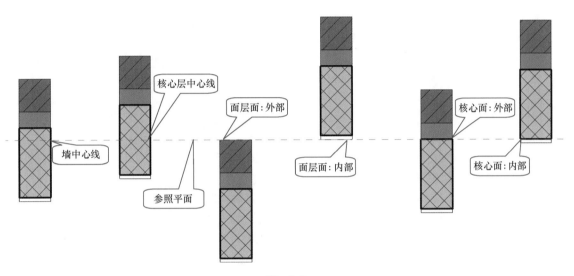

图　3-7

4）"链"：勾选"链"选项，可以绘制在端点处连续墙体。

5）"偏移"：其值为墙体定位线与光标位置之间的距离。如设置墙体定位线为"墙中心线"，"偏移"值为"500"，则绘制墙体时光标捕捉某参照平面，则绘制效果如图3-8所示。

6）"半径"：表示两面直墙的端点相连接处根据设定的半径值自动生成圆弧墙，如设置"半径值"为"1500"，则墙体交接处绘制效果如图3-9所示。

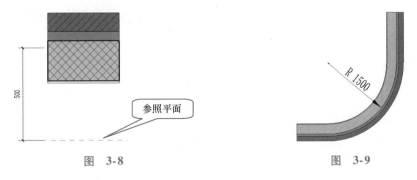

图　3-8　　　　　　　　　　　　　　　图　3-9

5. 设置墙的实例参数

如图3-10所示，在"属性"框中可以设置墙的实例参数，主要有墙体的定位线、高度、底部和顶部的约束（位置）与偏移、结构用途等特性。

1）定位线：同选项栏中"定位线"设置。需要注意的是，放置墙后，其定位线便永久存在，修改现有墙的"定位线"属性值不会改变墙的位置。

2）底部约束/顶部约束：表示墙体底部/顶部的约束位置。

3）底部偏移/顶部偏移：以底部约束/顶部约束位置为基准，通过设置偏移值，调整墙体底部/顶部的位置。如"底部偏移"值设为"500"，则墙体底部位置由"底部约束"位置向上偏移500mm；若"底部偏移"值设为"－500"，则墙体底部位置由"底部约束"位置向下偏移500mm。

4）无连接高度：在"顶部约束"设置为"未连接"状态下，设置墙体高度；在"顶部约束"设置为某标高时，该项为灰显，不可设置。

5）房间边界：当勾选此项，则启用了模型图元的"房间边界"参数，Revit 会将该图元用作房间的一个边界，该边界用于计算房间的面积和体积。可以在平面视图和剖面视图中查看房间边界。

图　3-10

6）结构：结构表示该墙是否为结构墙，勾选后则可用于后期结构受力分析。

6. 设置墙的类型参数

选择已创建的墙体，单击"属性"框中的" 编辑类型 "按钮，弹出"类型属性"对话框，如图3-11所示。墙的类型参数设置可以编辑墙的结构、设置墙的粗略比例填充样式，可以对墙体类型进行重命名等。在"结构"栏中单击"编辑"，弹出"编辑部件"对话框，如图3-12所示，可以设置墙体的结构构造，具体应用参看本任务后【知识加油站】。

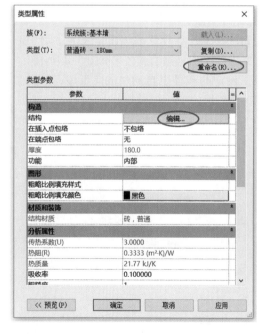

图　3-11

图　3-12

3.1.2 编辑墙体

在绘制墙体过程中，需要对墙体进行编辑。单击需要修改的墙体，激活"修改|墙"上下文选项卡，如图 3-13 所示，在"修改"面板中，Revit 提供了对齐、阵列、镜像、移动、复制、旋转、拆分、修剪、偏移等编辑命令，可以用于墙体的编辑。

编辑墙体

图 3-13

1. 编辑墙体立面轮廓

选择已创建的墙，激活"修改|墙"上下文选项卡，如图 3-13 所示，单击"模式"面板中"编辑轮廓 📓"命令，如在平面视图进行此操作，会弹出"转到视图"对话框，如图 3-14 所示，选择任意立面视图或三维视图，单击"打开视图"按钮，转到所选立面视图或三维视图，同时激活"修改|墙 > 编辑轮廓"上下文选项卡，进入绘制轮廓草图模式，利用"绘制"面板中提供的绘制工具在墙体立面上绘制封闭轮廓。

示例：将如图 3-15a 所示墙体轮廓修改为图 3-15c 所示。

创建流程为：创建一段墙体，如图 3-15a 所示，单击"修改|墙"上下文选项卡 →"模式"面板→"编辑轮廓"→"修改|墙 > 编辑轮廓"上下文选项卡，利用绘制、编辑工具绘制、修剪轮廓，如图 3-15b 所示，单击"模式"面板中"完成编辑模式 ✔"按钮，退出墙体轮廓编辑模式，完成墙体轮廓修改。

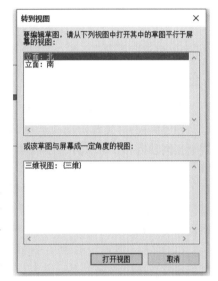

图 3-14

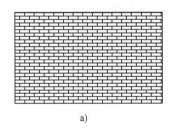

a)

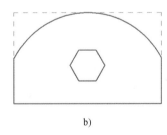

b)

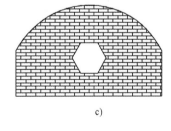

c)

图 3-15

如需一次性还原已编辑过轮廓的墙体，选择墙体，单击"模式"面板中的"重设轮廓 📄"命令，墙体即可恢复为原始状态。

2. 附着/分离墙体

如图 3-16 所示，墙体在坡屋顶下，未与坡屋顶连接，Revit 中可以通过"附着/分离"墙体功能快速实现墙体与屋顶的附着与分离。

选择需要附着到屋顶的墙体，激活"修改|墙"上下文选项卡，单击"修改墙"面板中的

"附着顶部/底部" 按钮，在"选项栏" 修改 | 墙　　附着墙:◉顶部 ○底部 选择"顶部"或"底部"，再单击屋顶，则墙自动附着到屋顶下，墙体形状发生变化，如图3-17所示。

图　3-16

图　3-17

再次选择墙体，单击"分离顶部/底部" 按钮，再选择屋顶，可将所选择的墙体与屋顶分离，墙体形状恢复原状。

　　说明："附着"功能不仅可以使墙连接到屋顶，也可以连接到楼板、天花板、参照平面等。

　　技巧：若需一次性选择全部外墙，可以将鼠标放在某段外墙上，待其高亮显示时，按 <Tab> 键，即可实现。

【任务实施】

在完成了标高和轴网的创建后，开始创建别墅的主体模型，首先创建首层墙体。

创建流程："建筑"选项卡→"构建"面板→"墙"→"墙：建筑"→选择或新建墙类型→设置墙实例参数和类型参数→绘制墙体，通常先绘制外墙后绘制内墙→编辑墙体。

1）打开项目二中保存的"别墅-标高轴网.rvt"文件，在项目浏览器中双击"楼层平面"项的"室外标高"，打开"楼层平面：室外标高"视图。

2）单击"建筑"选项卡→"墙"下拉列表，选择"墙：建筑"命令，在"属性"框中单击"类型选择器"下拉列表，选择"叠层墙"下的"外部叠层墙-灰砖+米黄色石漆饰面"墙类型，如图3-18所示。

图　3-18

3）在"选项栏"和"属性"框中，设置外墙实例参数，如图3-19所示。

图　3-19

4）单击"绘制"面板下"直线☑"命令，移动光标单击捕捉Ⓐ轴和②轴交点为绘制起点，按照图3-1所示平面图顺时针方向绘制外墙，绘制完成的首层外墙如图3-20所示。

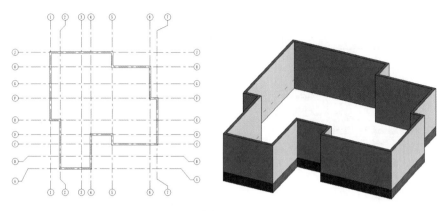

图　3-20

说明：顺时针绘制，可使绘制的外墙外面层朝外。对于已绘制的墙体，如需修改墙的方向，选中该墙体后，单击墙体附近出现的翻转控件⬍即可。

技巧：绘制墙时按住＜Shift＞键可强制正交。

5）绘制首层内墙。单击"建筑"选项卡→"墙"下拉列表，选择"墙：建筑"命令，在选项栏中"定位线"选择"墙中心线"，在"属性"框的"类型选择器"中选择"基本墙"下的"基本墙：石灰砖-180mm"墙类型，其余实例参数设置如图3-21所示。

6）单击"绘制"面板中"直线"命令，按照图3-22所示平面图绘制首层"石灰砖-180mm"内墙。

技巧：每绘制完一段墙，按＜Esc＞键可重新绘制另一段墙；若需退出绘制命令，则按＜Esc＞键两次。

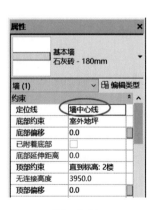

图　3-21

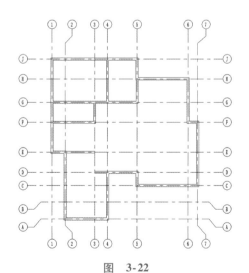

图　3-22

7）在类型选择器中选择"基本墙：石灰砖-100mm"，在选项栏中"定位线"选择"核心面：外部"，其余实例参数设置如图3-23所示。

8）单击"绘制"面板中"直线"命令，如图3-24所示，绘制首层"石灰砖-100mm"内墙。绘制时，注意墙体方向，如需修改已创建的墙的方向，可选中该墙体，单击墙体附近出现的翻转控件⇕。要保证①轴"石灰砖-100mm"内墙与"石灰砖-180mm"内墙墙面平齐，可利用"修改"面板→"对齐"命令。

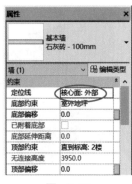

图 3-23

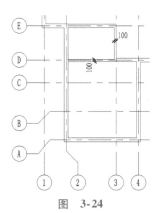

图 3-24

9）完成后的首层墙体如图 3-25 所示，以"别墅-首层墙体.rvt"为名保存。

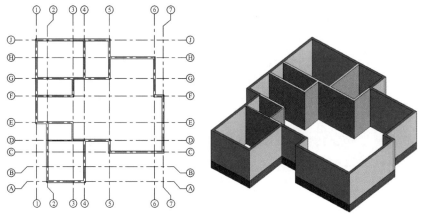

图 3-25

【任务小结】

墙是建筑的最基本的模型构件，创建墙模型是后续模型创建的基础。在 Revit 中，墙体分为基本墙、叠层墙、幕墙。本任务通过别墅首层外墙、内墙的绘制，主要掌握基本墙墙体的属性（实例参数、类型参数）设置、绘制和编辑的方法。叠层墙类型的创建可参看本任务【知识加油站】。幕墙的创建见项目四。

建模过程中有多种参数的设置，如实例参数、类型参数，须准确理解各参数含义、确保输入正确。

【知识加油站】

 3.1.3 创建复合墙

墙、楼板、天花板和屋顶可以通过平行的构造层构成复合图元。复合墙就是指由多种平行

的层构成的墙。既可以由单一材质的连续平面构成（例如胶合板），也可以由
多重材质组成（例如石膏板、龙骨、隔热层、气密层、砖和壁板）。构件内的
每层都有其特殊的用途。例如，有些层用于结构支承，另一些层则用于隔热或
装饰。

创建复合墙体

　　Revit 可以通过设置层的材质、厚度和功能来表示各层。另外，会考虑每个
图层的功能，并通过匹配功能优先顺序在相邻的复合结构中连接对应的图。

　　下面以创建一名称为"灰砂砖-240mm"复合墙为例。

　　1）选择"墙：建筑"命令后，在选项卡中自动出现"修改 | 放置墙"上下文选项卡。

　　2）单击"属性"面板中的"编辑类型"按钮，弹出"类型属性"对话框，如图3-26所示。
单击"族"下拉列表，设置当前族为"系统族：基本墙"，在"类型"下拉列表中将显示"基本
墙"族中包含的族类型；可任意选择一种墙类型，如将"普通砖-200mm"设置为当前类型。单击
"复制"按钮，在"名称"对话框中输入"灰砂砖-240mm"作为新类型名称，单击"确定"按钮返
回"类型属性"对话框，为基本墙族创建了"灰砂砖-240mm"的族类型，如图3-27所示。

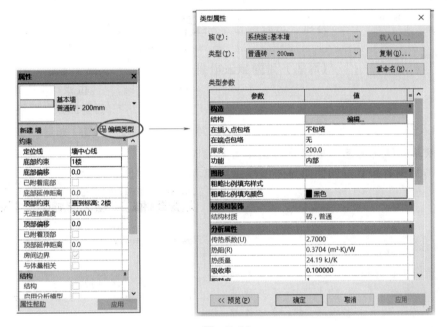

图　3-26

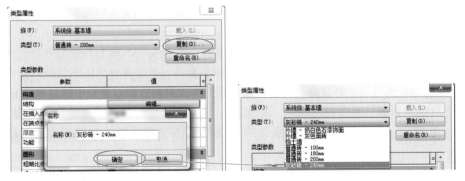

图　3-27

3）如图 3-28 所示，单击"结构"参数中"编辑"按钮，打开"编辑部件"对话框，在"层"列表中，墙包括一个厚度为 200mm 的结构层，其材质为"砖，普通，红色"。单击"编辑部件"对话框中的"插入"按钮 2 次，在"层"列表中插入了两个新层，如图 3-29 所示。

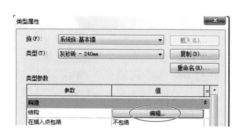

图　3-28

说明："层"列表中表示墙体的构造层次，从上（外部边）到下（内部边）对应于墙体构造从外到内的构造顺序。默认情况下，每个墙体类型都有两个名为"核心边界"的层，这些层不可修改，也没有厚度。它们一般包拢着结构层，是尺寸标注的参照。

Revit 预设了 6 种层的功能。[ ] 内的数字代表连接的优先级。结构 [1] 具有最高优先级，面层 2 [5] 具有最低优先级。墙体连接时，Revit 会首先连接优先级高的层，然后连接优先级低的层。

图　3-29

4）将鼠标移到序号"2"上，待光标变为向右的黑色箭头时单击，该构造层将高亮显示。单击"向上"按钮，向上移动该层直到使其序号为"1"，修改该行的厚度为"20.0"。

5）单击第 1 行的"功能"单元格，在"功能"下拉列表中，选择"面层 1 [4]"。同样方法将第 3 行选中，向下移动直到使其序号为"5"，修改该行的厚度为"20.0"，在"功能"单元格中选择"面层 2 [5]"，此时，文本框中"厚度总计"显示为"240mm"，如图 3-30 所示。

6）单击第 1 行的"材质"单元格中的"⋯"按钮，弹出"材质浏览器"对话框，对话框上半部分区域显示当前项目中可用的已定义材质，底部区域中显示 Autodesk 材质库中提供的默认材质。在对话框上方的"搜索材质"框中，输入"灰泥"，在材质库的搜索结果中，

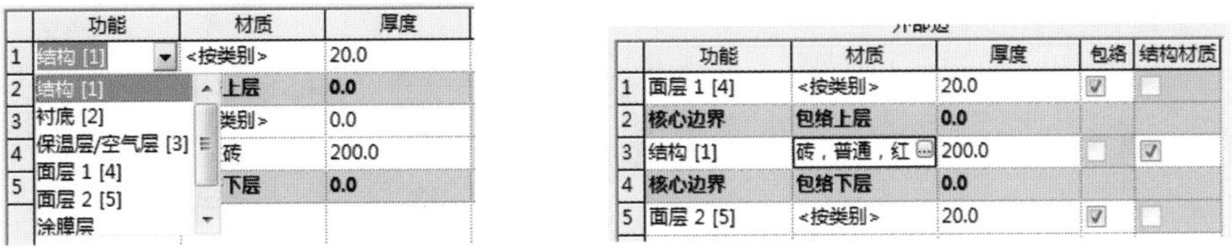

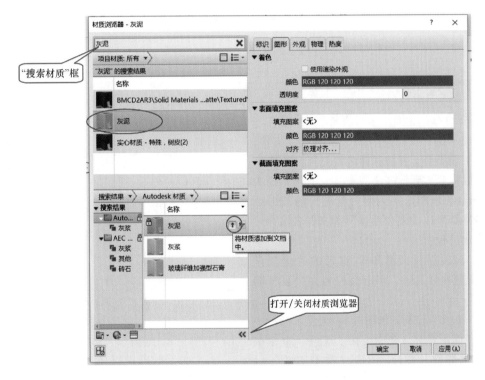

	功能	材质	厚度
1	结构 [1]	<按类别>	20.0
2	结构 [1]	上层	0.0
3	衬底 [2]	类别	0.0
4	保温层/空气层 [3]	砖	200.0
5	面层 1 [4]	下层	0.0
	面层 2 [5]		
	涂膜层		

	功能	材质	厚度	包络	结构材质
1	面层 1 [4]	<按类别>	20.0	☑	☐
2	核心边界	包络上层	0.0		
3	结构 [1]	砖, 普通, 红	200.0	☐	☑
4	核心边界	包络下层	0.0		
5	面层 2 [5]	<按类别>	20.0	☑	☐

图　3-30

单击"名称"栏中"灰泥"后的 ⬆ 按钮，将"灰泥"材质添加到上方的"项目材质"框中，如图 3-31 所示。在对话框右侧的"材质编辑器"中可以对材质的"标识""图形""外观"等进行设置，此处不作详细说明。"材质编辑器"可以通过对话框"材质库"下方的 ≪ 按钮打开和关闭。完成材质选择及设置后，单击"确定"按钮，返回"编辑部件"对话框。

图　3-31

说明：若材质库中没有需要的材质，可以通过"材质浏览器"对话框中新建材质、复制、重命名等方法设置新材质，具体方法此处从略。

同样方法完成对第 3 层"结构 1"及第 5 层"面层 2 ［5］"材质的选择和设置，第 3 层"结构 1"的材质为"砖-灰砂"，第 5 层"面层 2 ［5］"的材质为"灰泥"，单击"编辑部件"对话框下方的"预览"，可以显示设置好的"灰砂砖-240mm"墙体的剖面预览，最终结果如图 3-32 所示。单击"确定"按钮，返回"类型属性"对话框，单击"确定"按钮，完成对"灰砂砖-240mm"墙体类型的设置。

说明：当视图的详细程度设置为"中等"或"精细"时，会显示复合墙的图层。

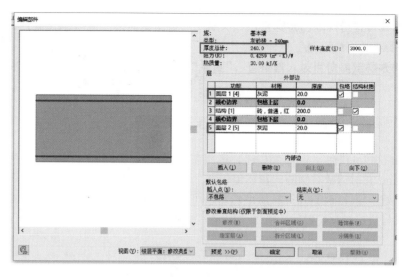

图 3-32

3.1.4 创建面层多材质复合墙

Revit 可以创建面层多材质复合墙，实现一面墙在不同的高度有几个材质的要求。

创建示例：按照图 3-33，新建项目文件，创建如下墙类型，并将其命名为"复合外墙"。之后，以标高 1 到标高 2 为墙高，创建半径为 5000mm（以墙核心层内侧为基准）的圆形墙体。最终结果以"复合墙体"为文件名保存。

创建过程：

1）新建项目：用 Revit 自带的"建筑样板"，新建项目文件，保存文件名为"复合墙体. rvt"。

2）单击"建筑"选项卡→"构建"面板→"墙"→"墙：建筑"命令，在"属性"框中单击"编辑类型"按钮，打开"类型属性"对话框，在"类型"下拉列表中选择"基本墙常规-200"，将其复制命名为："复合外墙"；单击"类型参数"→"结构"→"编辑"按钮，

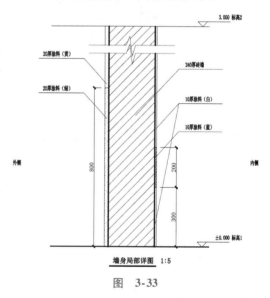

图 3-33

打开"编辑部件"对话框，打开对话框下部的"预览"按钮，在预览框下方选择视图为剖面形式 视图(V)：剖面：修改类型属性 ；单击"插入"按钮 4 次，在"层"栏中插入 4 个构造层，通过"向上""向下"按钮将其移动到墙体的外侧或内侧，将其"功能"改为面层，将第 1 层厚度设为"20"，第 7 层厚度设为"10"，将第 4 层"结构［1］"厚度改为 240，如图 3-34 所示。

3）材质设置。单击第 1 层"面层 1［4］"材质单元格，弹出"材质浏览器"对话框，搜索"涂料"在项目文档材质框中出现"涂料-黄色"材质，如图 3-35 所示，在"材质编辑器"框"图形"页面中，"着色"项勾选"使用渲染外观"，则该材质在"视觉样式：着色"模式

下显示效果与渲染外观效果相同。

创建面层多
材质复合墙

图　3-34　　　　　　　　　　　　　　　图　3-35

说明：若项目文档材质库中没有"涂料"类的材质，可搜索添加相仿材质，进行复制、重命名，然后进行设置。

右击文档材质框中的"涂料-黄色"材质，将其复制、重命名为"涂料-绿色"，在"材质编辑器"框"外观"页面中，选择"复制此资源" 🗔 按钮，在"信息"栏中将"名称"修改为"绿色"，在"墙漆"栏中，将"颜色"选择为"绿色"，单击"确定"，完成"涂料-绿色"材质的设置，如图3-36所示。

同样方法，新建"涂料-蓝色""涂料-白色"材质。

注意：在新建材质后，须复制外观后才可修改颜色。如从"涂料-黄色"复制出"涂料-绿色"，须首先进行"外观"的复制才能修改为绿色，否则会将"涂料-黄色"的外观也改成了绿色。

对各面层及结构层材质进行修改，结果如图3-37所示。

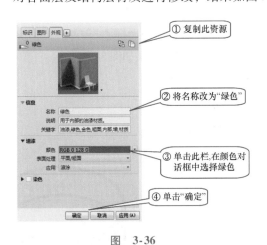

图　3-36　　　　　　　　　　　　　　　图　3-37

4）设置面层后，单击"修改垂直结构"下的"拆分区域"按钮，移动光标到左侧预览框中，在墙左侧（外部边）面层上上下移动光标，会显示临时尺寸，如图3-38a所示，当尺寸显示为"800"时，单击鼠标，会发现面层在该点处拆分为上下两部分，如图 3-38b 所示。注意此时右侧栏中"涂料-绿色"层的"厚度"值由"20"变为"可变"。同样方法，拆分墙右侧（内部边）面层，如图 3-38c 所示。

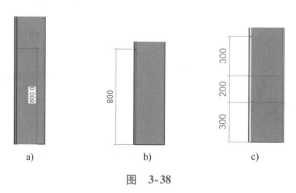

图　3-38

单击面层"涂料-绿色"层，再单击"修改垂直结构"下的"指定层"按钮，移动光标到左侧预览框中已拆分的外部边面层 800mm 下方层上单击，会将"涂料-绿色"的面层材质指定给拆分的面。注意"涂料-绿色"的面层和原来"涂料-黄色"面层"厚度"都变为"20"，如图 3-39 所示。同样方法将"涂料-蓝色"层材质指定给右侧（内部边）已拆分的面层"200mm"段，完成结果如图 3-40 所示。

图　3-39　　　　　　　　　　　　　　　　　　　图　3-40

单击"确定"关闭所有对话框后，完成创建了"复合外墙"类型。

5）绘制墙体。将视图切换到"标高 1"楼层平面，调用创建墙的命令，绘制圆形墙体，设置墙的高度为 3m，墙的定位线为"核心面：内部"层，完成结果如图 3-41 所示。

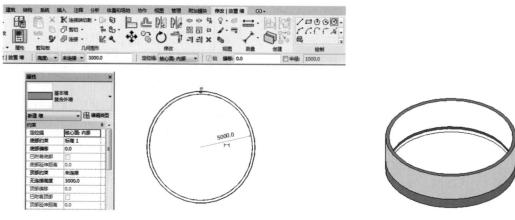

图　3-41

3.1.5　创建叠层墙

叠层墙是一种由若干个不同子墙（基本墙类型）相互堆叠在一起而组成的主墙，可以在不同的高度定义不同的墙厚、复合层和材质。当同一面墙上下分成不同的厚度、不同的结构、不同的材质等若干层时，可以选用叠层墙来创建。这种方法非常适合创建底层带有勒脚（墙裙）的外墙，如图 3-42 所示。

创建示例：创建如图 3-43 所示叠层墙模型，上部为"外墙-奶白色石漆饰面"；下部为"外墙-灰色面砖"，固定高度为 750mm。

图　3-42

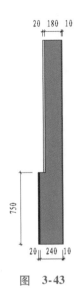

图　3-43

创建叠层墙体

创建过程：

1）首先须创建"基本墙：外墙-奶白色石漆饰面"和"基本墙：外墙-灰色面砖"两种基本墙的类型，其构造层分别如图 3-44 所示。

族：	基本墙				
类型：	外墙-奶白色石漆饰面				
厚度总计：	210.0		样本高度(S)：	6096.0	
阻力 (R)：	0.0000　(m²·K)/W				
热质量：	0.00 kJ/K				

层			外部边		
	功能	材质	厚度	包络	结构材质
1	面层 1 [4]	奶白色石漆饰	20.0	✓	
2	核心边界	包络上层	0.0		
3	结构 [1]	石灰砖	180.0		✓
4	核心边界	包络下层	0.0		
5	面层 2 [5]	奶白色石漆饰	10.0	✓	

族：	基本墙				
类型：	外墙-灰色面砖				
厚度总计：	270.0		样本高度(S)：	6096.0	
阻力 (R)：	0.0000　(m²·K)/W				
热质量：	0.00 kJ/K				

层			外部边		
	功能	材质	厚度	包络	结构材质
1	面层 1 [4]	灰色面砖	20.0	✓	
2	核心边界	包络上层	0.0		
3	结构 [1]	石灰砖	240.0		✓
4	核心边界	包络下层	0.0		
5	面层 2 [5]	奶白色石漆饰	10.0	✓	

图　3-44

2）访问墙的类型属性。调用创建墙的命令，在"属性"框"类型选择器"中选择任意叠层墙，单击"编辑类型"，打开"类型属性"对话框，复制新建名为"外部叠层墙-灰砖＋米黄色石漆饰面"的墙类型，如图 3-45 所示；单击"结构"栏中"编辑"按钮，打开"编辑部件"对话框，单击"预览"打开预览窗，用以显示选定墙类型的剖面视图。对墙所做的所有修改都会显示在预览窗格中。设置"偏移"下拉列表中选择"面层面：内部"，在"类型"框中，设置顶部（第1层）的墙类型为"外墙-奶白色石漆饰面"，高度为"可变"，底部（第2层）墙类型为"外墙-灰色面砖"，高度为"750"，其余"偏移""顶""底部"采用默认值，如图3-46所示。

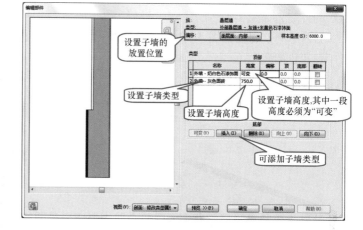

图 3-45　　　　　　　　　　　　　　　　　图 3-46

说明：绘制该叠层墙时，墙下段的高度是固定不变的，而高度设置为"可变"的上段，其绘制高度可以随着墙体的整体高度的变化而变化。

3）单击"确定"按钮，完成叠层墙的设置。

任务2　添加首层门窗

【任务描述】

使用"门""窗"命令为别墅项目首层墙体添加门、窗，门窗类型及其平面位置如图3-47所示。

【知识链接】

门、窗是建筑物中常见的构件。使用Revit提供的门、窗工具，可以在项目中添加任意形式的门窗。在Revit中，门、窗构件与墙不同，门、窗图元属于可载入族，在添加门窗前，必须在项目中载入所需要的门窗族，才能在项目中使用。此外，门窗在项目中可以通过修改类型参数，如门窗的宽和高，以及材质等，形成新的门窗类型。

在Revit中，门、窗是必须基于"墙"使用的一类族，即墙体是门窗的主体，门窗只有放置到墙上，且会自动剪切一个门窗洞口，它们对墙具有依附关系，删除墙体，门窗也随之被删除，这种依附于主体图元而存在的构件称为"基于主体的构件"。

在三维模型中，门窗的模型与它们的平面表达并不是对应的剖切关系，这说明门窗模型与平立面表达可以相对独立。在门窗构件的应用中，其插入点、门窗平立剖面的图纸表达，可见性控制都和门窗族的参数设置有关。

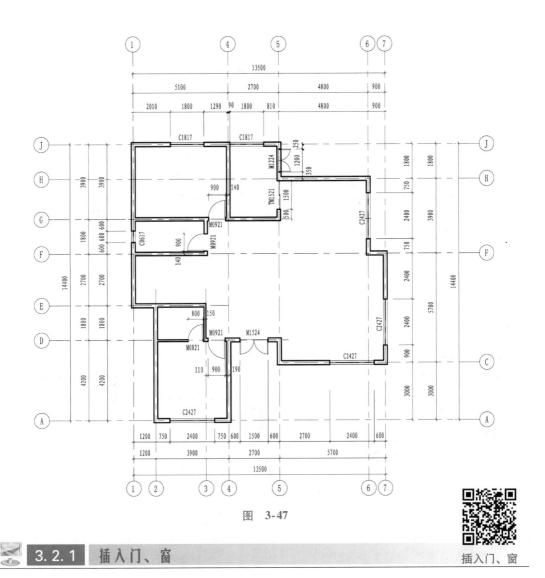

图　3-47

3.2.1 插入门、窗

插入门、窗

门窗可添加到任何类型的墙体中，并在平、立、剖以及三维视图中均可添加门窗，且会自动剪切墙体。

1）单击"建筑"选项卡→"构建"面板→"门　"或"窗　"命令，自动激活"修改│放置门"（或"修改│放置窗"）上下文选项卡，如图3-48所示。在"属性"框"类型选择器"中选择要添加的门、窗的类型，或通过修改类型参数形成新的门窗类型，如果需要更多的门、窗类型，可通过"载入族"命令将所需的窗族从族库载入。

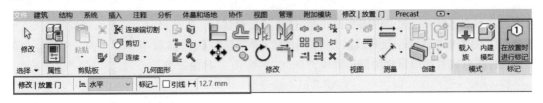

图　3-48

2）在"标记"面板中，单击"在放置时进行标记⬚"按钮使其处于激活状态，在选项栏中勾选"引线"可设置引线长度，如图3-48所示。

若在放置门窗时未选择"在放置时进行标记⬚"按钮，可通过"注释"功能单独为门窗进行标记。具体做法为：如图3-49所示，单击"注释"选项卡→"标记"面板→"按类别标记⬚"按钮，将光标移至所需标记的构件上，待其高亮显示时，单击鼠标则可完成标记；也可单击"全部标记⬚"按钮，在弹出的"标记所有未标记的对象"对话框中，如图3-50所示，选中所需标记的类别后，单击"确定"即可。

图　3-49

3）在"属性"框中，设置门窗的实例参数。如图3-51所示，通过设置门、窗的"底高度"来确定门窗在当前楼层立面上的位置，窗的底高度为当前楼层窗台高度，"顶高度"栏的值自动显示为底高度+门窗高度之和。

图　3-50

图　3-51

4）在视图中移动鼠标指针，当指针处于视图中的空白位置时，鼠标指针显示为⊘，表示无法放置门窗图元。移动鼠标指针到墙主体上，将会出现门窗放置预览，并在门窗两侧出现临时尺寸标注，显示门窗图元与邻近轴线或图元间的距离，如图3-52所示，在墙内外移动鼠标可以改变内外开启方向，按空格键可以改变门的左右开启方向，当门窗位于正确的位置时单击鼠标左键完成放置，Revit会自动放置该图元的标记，放置的门窗自动剪切墙体。

按<Esc>键两次，退出"门"或"窗"命令。

技巧：

1）如果门窗的开启方向放置反了，可选中该门窗，通

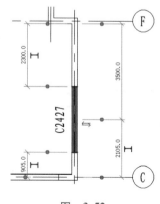

图　3-52

过单击蓝色的"翻转控件⇕"改变开启方向。

2）放置门窗时，可根据临时尺寸放置图元，若难以快速定位放置，只需在墙体大致位置插入，通过修改临时尺寸标注或尺寸标注来精确定位。因为Revit具有尺寸和对象相关联的特点。

临时尺寸标注的捕捉点可以调整。当选中图元，出现临时尺寸时，鼠标单击、按住并移动临时尺寸界线上的控制点（蓝色实心圆点），通过连续按Tab键可以在临近图元间切换作为新的尺寸界线捕捉点，如捕捉点可在墙中心线、核心层中心线、面层面外部等处切换捕捉。另外，临时尺寸标注起止位置的捕捉点可以通过其属性设置来改变，具体做法：如图3-53所示，单击"管理"选项卡→"设置"面板→"其他设置"下拉列表→"临时尺寸标注"命令，弹出如图3-54所示"临时尺寸标注属性"对话框，可以通过"墙"和"门和窗"的选项来确定临时尺寸标注的起止位置的捕捉点。

图 3-53

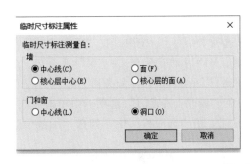

图 3-54

 ### 3.2.2 编 辑 门、窗

编辑门和窗

1. 修改门窗实例参数

选择已创建的门、窗，在"属性"框还可以通过修改门、窗的"标高""底高度"来改变门窗在立面上的位置。另外，也可以通过在立面视图上调整门窗的临时尺寸标注来改变门窗位置。

2. 类型属性

在"属性"框中，单击"编辑类型"按钮，弹出的"类型属性"对话框，如图3-55所示，在对话框中，可单击"复制"按钮创建新的门窗类型，也可以单击"重命名"按钮对当前的门、窗重命名；在"类型参数"栏中，可设置门、窗的高度、宽度、材质，默认窗台高度等属性。

图 3-55

注意：修改了类型参数中的"默认窗台高"的参数值，只会影响随后插入的窗户的窗台高度，不会改变之前插入的窗户的窗台高度。

【任务实施】

1）打开上节保存的"别墅-首层墙体 . rvt"文件。切换到"楼层平面：1 楼"视图，单击"建筑"选项卡→"门"按钮，在"类型选择"下拉列表中选择"M1524"类型。

说明：M1524 的代号含义："M"表示门，"15"表示门的宽度为"1500mm"，"24"表示门的高度为"2400mm"，其余类同。

2）在"修改│放置门"选项卡中单击"在放置时进行标记"按钮，以便对插入的门进行自动标记。在"选项栏"中不勾选"引线"选项，如图 3-56 所示。

图 3-56

3）在"属性"框中将"底高度"设置为"0"。

4）将光标移动到①轴线④~⑤轴线之间的墙体上，此时会出现门与周围墙体之间距离的临时尺寸，上下移动光标，可以控制门的开启方向，在大致门的位置处单击鼠标左键，如图 3-57 所示。

5）调整左侧临时尺寸标注蓝色的控制点，拖动控制点捕捉到④轴，修改标注值为"600"，如图 3-58 所示，按 < Enter > 键结束放置，"M1524"最终位置如图 3-59 所示。

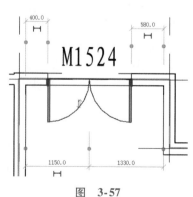

图 3-57

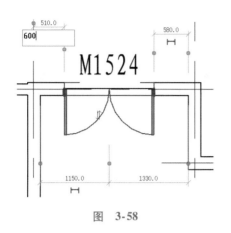

图 3-58

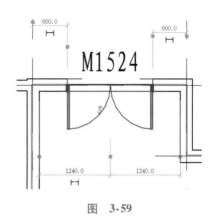

图 3-59

6）同样地，根据图3-47所示，在类型选择器中选择指定的门类型，在指定位置将门插入首层墙体。

7）继续在"楼层平面：1楼"视图中，单击"建筑"选项卡→"窗"按钮，根据图3-47所示，在类型选择器中选择指定的窗的类型，在指定位置将窗插入首层墙体。

8）调整已插入墙体的窗的底高度（即窗台高度）。别墅首层窗的底高度分别为：C0617—900mm，C1817—900mm，C2427—300mm。分别选中各窗，在"属性"框中，修改其"底高度"值。

技巧：选择图元时，可利用鼠标右键快捷菜单。如将鼠标放置在任意一个"C2427"窗上，待其高亮显示后，单击鼠标右键，弹出快捷菜单，如图3-60所示，选择"选择全部实例"→"在视图中可见"，则在"楼层平面：1楼"视图中所有"C2427"类型的窗均被选中。

9）创建完成后的首层门、窗效果如图3-61所示。保存文件，名为"别墅-首层门窗.rvt"。

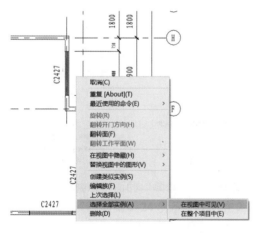

图 3-60

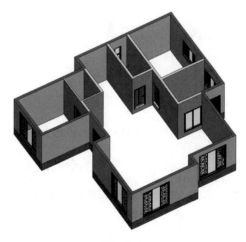

图 3-61

【任务小结】

添加门窗主要流程为：调用"门或窗"命令→选择门窗类型→设置门窗实例属性和类型属性→选择是否放置门窗标记→放置门窗。门窗必须放置在主体（如墙体）中，并自动剪切墙体。放置门窗时，通过临时尺寸和尺寸标注可以准确定位；按空格键或翻转控件可以改变门窗放置方向。

任务 3 创建首层楼板

【任务描述】

创建别墅项目首层楼板，楼板面层标高为 ±0.000，楼板类型为样板文件中已定义好的"常规-200mm"，楼板边延伸至墙体中心线内侧 20mm。

【知识链接】

在 Revit 中，楼板可以设置构造层。默认的楼层标高为楼板的面层标高，即建筑标高。在楼板编辑中，不仅可以编辑楼板的平面形状、开洞口和楼板坡度绘制等，还可以通过"修改子图元"命令修改楼板的空间形状，设置楼板的构造层找坡，实现楼板的内排水和有组织排水的分水线建模绘制。

Revit 中楼板分为"楼板：建筑""楼板：结构""面楼板""楼板：楼板边"4 种，如图 3-62 所示。"楼板：建筑""楼板：结构"的区别主要在于是否进行结构分析，"面楼板"可将体量楼层转换为建筑模型的楼层，"楼板：楼板边"用于构建楼板水平边缘的形状，如创建建筑室外台阶。

图 3-62

3.3.1 创建楼板

单击"建筑"选项卡→"构建"面板→"楼板"→"楼板：建筑"，自动激活"修改|创建楼层边界"上下文选项卡，如图 3-63 所示。在"绘制"面板中提供了多种楼板绘制方式，默认情况下采用"拾取墙"的方式。

图 3-63

1. 选项栏

使用不同的绘制方式，"选项栏"中出现的选项会有所不同，如："拾取墙"的选项如图 3-63 所示，"直线"命令、"多边形"命令的选项如图 3-64 所示。

设置"偏移"值，可以快速绘制偏移定位线一定距离的楼板边界。"直线"命令顺时针绘制楼板边线时，偏移量为正值，在参照线外侧；负值则在内侧。按空格键可以切换偏移方向。

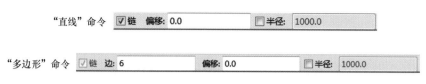

图　3-64

"拾取墙"命令绘制楼板边线时，偏移量为正值，边界线向光标相对于参照线所在一侧偏移；负值则相反，在参照线两侧移动光标可以改变偏移方向。

2. 属性设置

楼板的实例属性主要设置楼板标高及其偏移值、楼板是否转为结构楼板和启用分析模型，如图 3-65 所示；类型属性中可以编辑楼板构造层（包括构造层厚度、材质）、粗略比例填充样式及颜色，如图 3-66 所示。

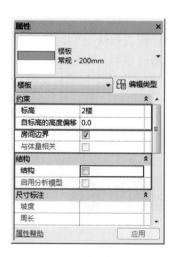

图　3-65

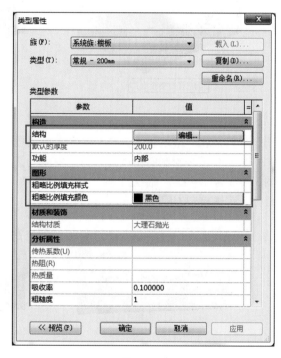

图　3-66

3. 绘制楼板

设置了楼板属性后，选定某种绘制方式绘制楼板边界，可通过"拾取墙""拾取线"或使用"线"工具来创建楼板。

示例：创建任意尺寸矩形平面墙体，高度为 1～2 楼，楼板类型为"常规-150mm"。用"直线"命令绘制楼板，偏移量设置为 300mm，标高为"2 楼"、捕捉外墙外面层，顺时针绘制出如图 3-67 所示的矩形楼板边界。

边界绘制完成后，单击"模式"面板中 ✓ 按钮，完成绘制，此时会弹出"是否希望将高达此楼层标高的墙附着到此楼层的底部？"提示框，如图 3-68 所示，如果单击"是"，将高达此楼层标高的墙附着到此楼层的底部；单击"否"，高达此楼层标高的墙将未附着，墙体与楼板面齐平，其不同效果如图 3-69 所示。

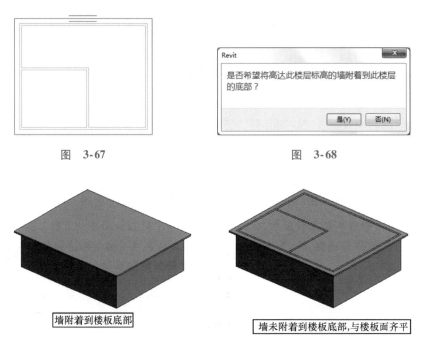

图 3-67   图 3-68

墙附着到楼板底部   墙未附着到楼板底部,与楼板面齐平

图 3-69

此例也可以采取"拾取墙"方式,该方式可根据已绘制好的墙体快速生成楼板边界。同时,用"拾取墙"命令绘制的楼板会与墙体发生约束关系,墙体移动,楼板会随之发生相应变化。图 3-70a 为"直线"命令创建的楼板,图 3-70b 为"拾取墙"命令创建的楼板。分别移动右侧墙体,可观察到不同效果。

a)   b)

图 3-70

3.3.2   编辑楼板

如果需要重新编辑已有的楼板边界,可选择该楼板,激活"修改 | 楼板"选项卡,如图 3-71 所示,单击"模式"面板中的" 编辑边界"按钮,进入 修改 | 楼板 > 编辑边界 模式,编辑完成后单击" "结束编辑,返回 修改 | 楼板 模式。

图 3-71

1. 楼板洞口

在 修改 | 楼板 > 编辑边界 状态中，可在楼板边界轮廓内绘制洞口闭合轮廓，如图 3-72 所示。

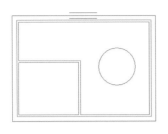

图　3-72

说明：在楼板上开洞的方法，除了编辑楼板边界外，还可以选择"建筑"选项卡→"洞口"面板中的多种洞口命令，如图 3-73 所示。

2. 形状编辑

在 修改 | 楼板 状态中，除了选择"编辑边界"，还可通过"形状编辑"面板中多种命令编辑楼板的形状。

图　3-73

1）使用"修改子图元"工具，可以操作选定楼板（屋顶）上的一个或多个点或边。

① 选择要修改的楼板。

② 单击"修改 | 楼板"选项卡→"形状编辑"面板→" 修改子图元"，进入编辑状态，楼板边界变为带有绿色控制点（绿框）的虚线，单击选定楼板上的控制点或某条边，出现"0"文本框，可输入数值来调整楼板该点或边距原始楼板顶面的垂直偏移高度，如图 3-74 所示。

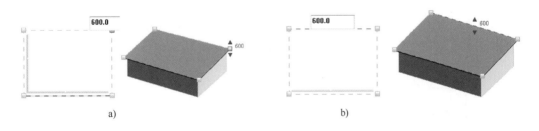

图　3-74

a）选择点　b）选择边

说明：选择"修改子图元"工具后，选项栏上将显示 修改 | 楼板　立面: 0　编辑框，可以在该框中输入选定子图元的高程值，此值是顶点与原始楼板顶面的垂直偏移。

③ 在三维视图中还可以通过拖曳文本框旁边的蓝色箭头垂直移动以修改偏移值。

2）使用"添加点"工具，可以向楼板（或屋顶）添加单独的点，通过调整这些点的垂直高度偏移值改变楼板（或屋顶）的形状。通常可以此方法添加楼板（或屋顶）的排水坡度。

① 选择要修改的楼板（或屋顶）。

② 单击"修改|楼板"选项卡→"形状编辑"面板→"🔺添加点"。

说明：此时出现选项栏 高程:0 ☑相对，选中"相对"复选框，将相对于添加新点的表面以指定的值来添加这些新点。使用默认值 0 时，点将位于创建点的平面上。

③ 单击楼板（或屋顶）的面或边，以添加点，在文本框中输入高度值来调整垂直偏移位置，如图 3-75 所示。

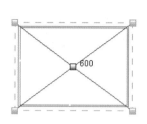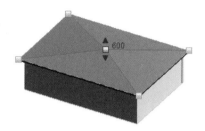

图　3-75

编辑过程中，如需全部撤销，可单击"🔺重设形状"按钮回到编辑初始状态。

【任务实施】

1）打开"别墅-首层门窗.rvt"文件，将视图切换到"楼层平面：1 楼"。

2）单击"建筑"选项卡→"构建"面板→"楼板"→"楼板：建筑"命令，进入绘制楼板轮廓草图模式，自动激活"修改|创建楼层边界"上下文选项卡。在"属性"框选择楼板类型为"楼板 常规-200mm"，设置"标高"为"1 楼"、"自标高的高度偏移"为"0.0"，如图 3-76 所示。

3）在"绘制"面板中，单击"拾取墙"命令，在选项栏中指定楼板边缘为自墙体中心线向内偏移"20mm"，设置偏移为："-20.0"，勾选"延伸到墙中（至核心层）"选项，如图 3-77 所示，移动光标到外墙中心线外侧，待出现蓝色虚线预览（确认预览虚线位于墙体中心线内侧）时依次单击拾取外墙，创建楼板轮廓线，如图 3-78 所示。

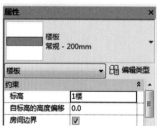

图　3-76　　　　　　　　　　　　　　图　3-77

技巧：移动鼠标到外墙外侧，使用 Tab 键切换选择，可以一次性选中所有外墙，单击生成楼板边界。如出现交叉线条，使用"修剪"命令编辑成封闭的楼板轮廓边界。

4）单击"完成编辑模式✔"按钮，弹出如图 3-79 所示提示框，单击"是"按钮，完成首层楼板创建，如图 3-80 所示，切换到三维视图观察。

5）至此，首层主体模型已基本创建完成。保存文件，名为"别墅-首层模型.rvt"。

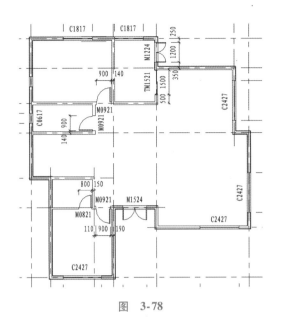

图 3-78

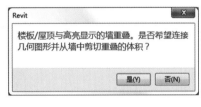

图 3-79

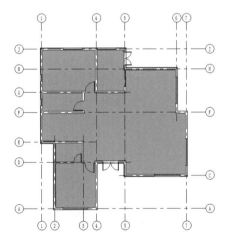

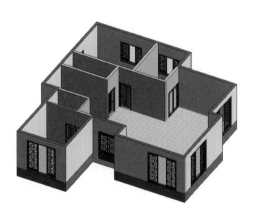

图 3-80

【任务小结】

首层主体模型建模过程为：创建墙体→添加门窗→创建楼板。本项目中每个构件在样板文件中已事先创建，在模型搭建过程中，可直接调用。实际设计工作中，很多构件图元需要通过新建族文件来创建。

【知识加油站】 创建斜楼板

Revit 中可以通过三种方式创建斜楼板：

1. 绘制坡度箭头

选择要修改的楼板。单击"修改｜楼板"选项卡→"编辑边界"→"绘制"面板→" 坡度箭头",绘制箭头,如图 3-81 所示。在其"属性"对话框中选择指定"尾高",可以通过输入"尾高度偏移"(箭头尾)和"头高度偏移"(箭头)指定楼板的倾斜位置,如图 3-82 所示。单击 ✓ 按钮,完成编辑。

也可以在其"属性"对话框中选择指定"坡度",直接输入坡度值确定楼板倾斜位置,如图 3-83 所示。

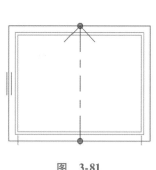  

图 3-81　　　　　　　图 3-82　　　　　　　图 3-83

2. 指定楼板平行轮廓线的"相对基准的偏移"值

选择要修改的楼板。单击"修改│楼板"选项卡→"编辑边界",进入楼板草图编辑状态,选择一条边界线,在"属性"对话框中选择"定义固定高度",输入"标高"和"相对基准的偏移"的值,如图 3-84a 所示;继续选择其平行边界线,用相同的方法指定"标高"和"相对基准的偏移"的值,如图 3-84b 所示。单击 ✓ 按钮,完成编辑,可在三维视图中观看效果。

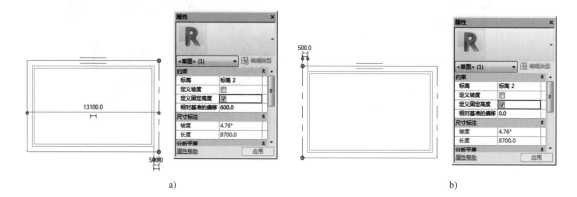

a)　　　　　　　　　　　　　　b)

图 3-84

3. 对楼板单条轮廓线"定义坡度"

选择要修改的楼板。单击"修改│楼板"选项卡→"编辑边界",进入楼板草图编辑状态,选择一条边界线,在"属性"框中,勾选"定义固定高度",激活"定义坡度"参数。勾选"定义坡度",输入"坡度"值。同时,可设置"标高"和"相对基准的偏移"的值,如图 3-85 所示。单击 ✓ 按钮,完成编辑。

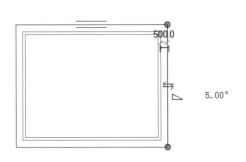
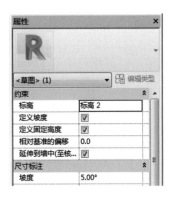

图　3-85

【项目概述】

　　实际工程中包括多个标准层，建模过程通常需要分层绘制，可以利用复制功能快速生成墙体楼板、门窗等构件，再进行相关图元的编辑，从而提高整体建模效率。

【项目目标】

　　1. 熟练运用"复制/剪切到剪贴板"命令将图元的副本粘贴到其他项目或视图中。
　　2. 熟练运用"过滤器"工具选择图元。
　　3. 熟练掌握墙体的编辑方法，设置类型属性和实例属性。

任务 创建二层墙体、门窗、楼板

【任务描述】

　　使用 Revit 2018 创建别墅项目二层墙体、门窗、楼板，门窗类型及平面位置如图 4-1 所示。外墙类型为："基本墙：外墙-奶白色石漆漆面"；内墙除注明外，类型为"基本墙：石灰砖100mm"。楼板面层标高分别为 3.500m 和 3.400m，楼板类型为样板文件中已定义好的"常规-100mm"，楼板边延伸至墙体中心线。

【知识链接】

 ### 4.1.1 复制的功能

复制的功能

　　复制除了"修改"选项卡中的"复制 🗗"命令外，还有"修改"选项卡→"剪贴板"面板→"复制到剪贴板 🗗"工具，二者的使用功能是不一样的。

　　1)"复制"命令：其可在同一视图中将选中的单个或多个构件，从 A 处复制后放置在同一视图中任何位置。

　　2)"复制/剪切到剪贴板"命令：可将一个或多个图元复制到剪贴板中，然后使用"从剪贴板中粘贴"工具将图元的副本粘贴到其他项目或视图中，从而实现多个图元的传递。

　　因此可以看出复制的两种方式所使用范围是不同的，"复制"适用于同一视图中，"复制/剪切到剪贴板"命令适用于粘贴至不同项目、视图中的任意位置。如果要将下一层的全部构件复制到上一层去，要通过"复制到剪贴板"命令来实现。

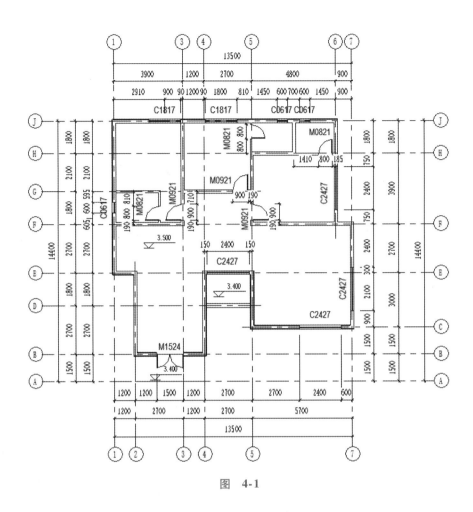

图 4-1

4.1.2 过滤器的使用

过滤器是按构件类别快速选择一类或几类构件最方便快捷的方法。在 Revit 项目文件中框选任意图元,将自动切换至"修改│选择多个"上下文选项卡,单击"选择"面板中的"过滤器"按钮,或单击右下角"工作集状态栏"中的"过滤器"图标,如图 4-2 所示,打开"过滤器"对话框。

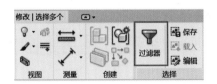

图 4-2

过滤器的使用

过滤选择集时,当类别很多,需要选择很少构件时,可以先单击"放弃全部",再勾选需要的类别,如图 4-3 所示。当需要选择的构件很多,而不需要选择的构件相对较少时,可以先单击"选择全部",再取消勾选不需要的类别,从而提高选择效率。

【任务实施】

分析：别墅项目二层外墙尺寸与一层外墙完全相同，但墙外侧材质有所区别。因此，可以通过直接复制一层墙，并修改墙类型的方式完成创建二层外墙。

建模流程：切换至三维视图，选中所有1楼外墙→运用"复制到剪贴板"→选择粘贴方式→利用"过滤器"工具过滤删除不需要的图元→绘制并编辑2楼墙体→放置并编辑2楼门窗→绘制并编辑2楼楼板。

建模过程：

打开上节保存的"别墅-首层模型.rvt"文件。

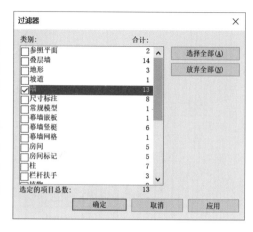

图 4-3

1. 创建二层外墙

1）切换至三维视图，适当缩放视图显示1楼中的全部图元。移动鼠标指针至1楼任意外墙上，指针处外墙高亮显示。循环按键盘tab键，直到高亮显示所有首尾相连的外墙，单击选择全部高亮显示的外墙，如图4-4所示，同时自动激活"修改│叠层墙"上下文选项卡。

2）单击"修改│叠层墙"选项卡→"剪贴板"面板→"复制到剪贴板🖺"工具或按＜Ctrl＋C＞组合键，此时"剪贴板"面板中的"粘贴"按钮变为可用。单击"粘贴"工具下拉列表，在列表中选择"与选定的标高对齐"选项，弹出"选择标高"对话框，该对话框中列出当前项目中所有已创建的标高，如图4-5所示。在列表中选择"2楼"，单击"确定"按钮将所选1楼标高外墙复制到2楼标高，同时由于门窗默认为依附于墙体的构件，所以一并被复制，如图4-6所示。

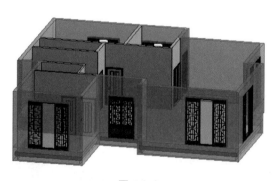

图 4-4

图 4-5

3）修改二层墙体实例属性。由于复制上来的2楼外墙高度和1楼相同，但是1楼层高高于2楼，所以尽管2楼的外墙高度是顶部约束到标高"3楼"，但是在"属性"框中"顶部偏移"为"950.0"，如图4-6所示。因此需要在墙"属性"框中，将"顶部偏移"修改为"0.0"，如图4-7所示。完成后单击"应用"按钮应用该设置，Revit将修改所选择的墙体高度。

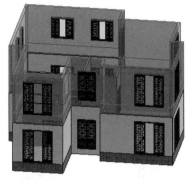

图 4-6 图 4-7

4）删除从 1 楼复制上来的门窗。在项目浏览器中双击"楼层平面"项下的"2 楼"，打开"楼层平面：2 楼"视图。如图 4-8 所示，框选所有构件，单击"选择"面板中的"过滤器 🔽"按钮，打开"过滤器"对话框，如图 4-9 所示，取消勾选"墙"，单击"确定"选择所有门窗，按 Delete 键，删除所有门窗。

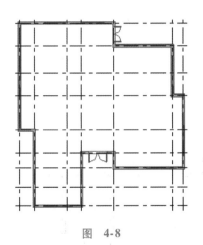

图 4-8 图 4-9

2. 编辑外墙

1）在 2 楼楼层三维视图中，移动鼠标指针至任意外墙位置，并按键盘 tab 键，单击选择全部高亮显示外墙，在"属性"面板中修改墙类型为"基本墙：外墙—奶白色石漆漆面"。

2）选中Ⓐ轴线上②、④轴线之间的外墙，按 <Delete> 键删除，选中②轴线上Ⓐ、Ⓔ轴线之间的外墙，向上拖动端部蓝色圆点至Ⓑ轴，如图 4-10 所示。

3）类似的，选中④轴线上Ⓐ、Ⓓ轴线之间的外墙，采用相同的方法，向上拖动端部蓝色圆点至Ⓑ轴，向上拖动尾部蓝色圆点至Ⓔ轴；在"属性"面板中，设置该墙体的实例参数"底部约束"为"2 楼"，"底部偏移"为"-100.0"，"顶部约束"为"直到标高：3 楼"，"顶部偏移"为"0.0"。

4）选中⑤轴线上Ⓒ、Ⓓ轴线之间的外墙，向上拖动尾部蓝色圆点至Ⓔ轴，并在"属性"框中，设置该墙体的实例参数"底部约束"为"2 楼"，"底部偏移"为"-100.0"，"顶部约束"为"直到标高：3 楼"，"顶部偏移"为"1050.0"。

5）将二层的①轴线上④、⑤轴线之间的外墙删除，切换到 1 楼平面视图或三维视图中，选择一层该部分墙体，在"属性"框中，修改"顶部约束"为"直到标高：2 楼"，"顶部偏移"为"400.0"，如图 4-11 所示。

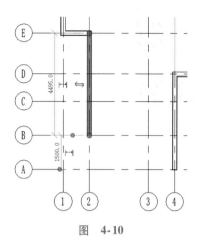

图　4-10　　　　　　　　　　　　　　　　图　4-11

6）单击"建筑"选项卡→"构建"面板→"墙"→"墙：建筑"命令，在"类型选择器"中选择"基本墙：外墙-奶白色石漆漆面"，在"绘制"面板中选择"直线"命令，选项栏中设置"定位线"为"核心层中心线"。在"属性"框中，设置实例参数"底部约束"为"2楼"，"底部偏移"为"-100.0"，"顶部约束"为"直到标高：3 楼"，"顶部偏移"为"0.0"，如图 4-12 所示。分别在⑧轴线上②、④轴线之间，⑥轴线上④、⑤轴线之间绘制外墙，结果如图 4-13 所示。

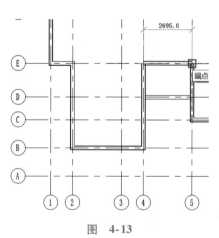

图　4-12　　　　　　　　　　　　　　　图　4-13

7）按下 < Ctrl > 键，分别选中⑤轴线上①、①轴线之间以及①轴线上⑤、⑥轴线之间的外墙，按 < Delete > 键删除，选择"修改"选项卡→"修改"面板→"修剪🖳"命令，或按快捷键"TR"，依次单击⑥轴线上⑥、①轴之间以及①轴线上①、⑤轴之间的墙体，结果如图 4-14 所示。

8）选中①轴线上⑥、①轴线之间的外墙，单击"修改"面板 →"拆分图元➡"命令，或按快捷键"SL"，单击该处外墙位于①轴与⑥轴之间的交线，将该段外墙拆分成两段墙体，结果如图 4-15 所示。

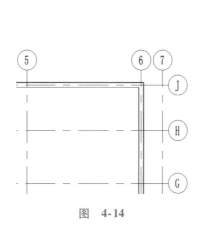

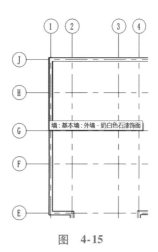

图　4-14　　　　　　　　　　　图　4-15

9）用相同方法编辑Ⓙ轴线上①-⑦轴线间的外墙，将外墙从③轴线处拆分成两段墙体。

10）按下＜Ctrl＞键分别选中图4-16中的5段墙体，在"属性"栏中，设置该墙体的实例参数，如图4-17所示，"底部约束"为"2楼"，"底部偏移"为"0.0"，"顶部约束"为"直到标高：3楼"，"顶部偏移"为"1050.0"。

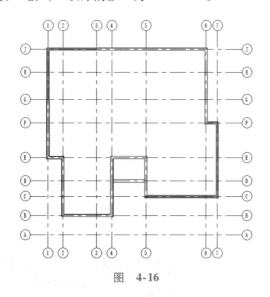

图　4-16　　　　　　　　　　　图　4-17

最终完成编辑二层外墙。

3. 绘制二层内墙

1）选择"墙：建筑"命令，在"类型选择器"中选择"基本墙：石灰砖180mm"，在"绘制"面板中选择"直线"命令，选项栏中"定位线"选择"墙中心线"。在"属性"框中，设置实例参数"底部约束"为"2楼"，"底部偏移"为"0.0"，"顶部约束"为"直到标高：3楼"，"顶部偏移"为"0.0"，绘制180mm内墙，如图4-18所示。

2）选择"墙：建筑"命令，在"类型选择器"中选择"基本墙：石灰砖100mm"，在"绘制"面板中选择"直线"命令，选项栏中"定位线"选择"墙中心线"。在"属性"栏中，设置实例参数"底部约束"为"2楼"，"底部偏移"为"0.0"，"顶部约束"为"直到

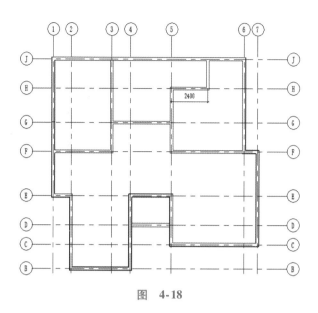

图 4-18

标高：3 楼"，"顶部偏移"为"0.0"，绘制如图4-19所示的内墙。

提示：如果内墙与外墙的墙体方向平行，可利用"对齐 📙"命令或按快捷键"AL"，使内墙的墙面与外墙的墙面对齐。

完成后的二层墙体如图4-20所示，保存文件。

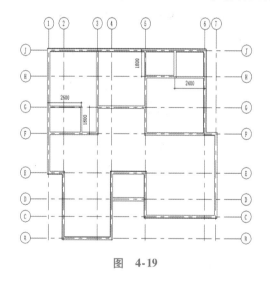

图 4-19

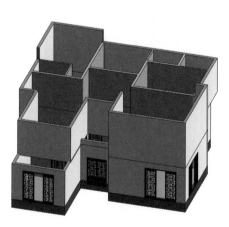

图 4-20

4. 创建二层门窗

编辑完成二层平面内外墙体后，即可创建二层门窗，门窗的插入和编辑方法同前述首层门窗的创建过程相同。

1）放置门窗前可执行"管理"选项卡→"设置"面板→"其他设置"→"临时尺寸标注"命令，墙设置为"中心线"，门和窗设置为"洞口"。

2）放置门：接前面练习，在"项目浏览器"→"楼层平面"项下双击"2 楼"，打开二层楼层平面。单击"建筑"选项卡→"门"命令，在"类型选择器"中分别选择门类型：中式双扇门 M1524、装饰木门 M0821、装饰木门 M0921，确认激活"修改│放置门"上下文选项卡→"标记"面板→"在放置时进行标记"按钮。按图 4-1 所示位置在墙体上放置门，并通过修改临时尺寸标注，使其精确定位，放置门过程中可通过按空格键反转门开启方向。

3）放置窗：单击选项卡"建筑"→"窗"命令，在类型选择器中分别选择窗类型：上下拉窗 C0617、中式窗 C1817、中式窗 C2427，确认激活"修改│放置窗"上下文选项卡→"标记"面板→"在放置时进行标记"按钮。按图 4-1 所示位置在墙体上放置窗，并通过修改临时尺寸标注，使其精确定位。

4）调整窗台底高度。二层窗台底高度不完全相同，因此在插入窗后需要在"属性"框中，修改"底高度"参数值，调整窗户的窗台高。各窗的窗台高为 C0617：900mm、C1817：900mm、C2427：0mm。

5. 创建二层楼板

1）打开"2 楼"平面视图，单击"建筑"选项卡→"构建"面板→"楼板"→"楼板：建筑"命令。属性设置如图 4-21 所示。

2）单击"绘制"面板→"拾取线"命令，移动光标到外墙中心线上，依次单击拾取外墙中心线自动创建楼板轮廓线，也可以选择"直线"命令，绘制封闭楼板轮廓线，如图 4-22 所示，单击"✔"按键，完成楼板绘制，如图 4-23 所示。

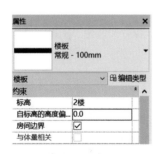

图　4-21

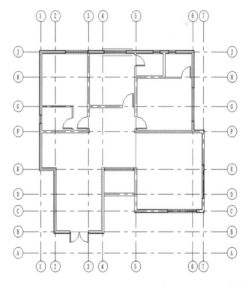

图　4-22

3）在 2 楼楼层平面的"属性"框中，将基线范围设置为"底部标高"为"1 楼"，"顶部标高"为"2 楼"，如图 4-24 所示，此时在 2 楼平面视图中会暗显出 1 楼墙体轮廓线。

4）单击"建筑"选项卡→"楼板：建筑"命令，属性设置如图 4-25 所示。单击"拾取线"命令，移动光标到墙体中心线上，依次单击拾取墙体中心线自动创建楼板轮廓线，绘制封闭楼板轮廓线，如图 4-26 所示。

5）检查确认轮廓线完全封闭，可以通过"修剪"面板中"修剪✄"命令，修剪轮廓线使其封闭，也可以通过光标拖动迹线端点移动到合适位置来实现，Revit 将会自动捕捉附近的其他轮廓线的端点。当完成楼板绘制时，如果轮廓线没有封闭，系统会自动提示。

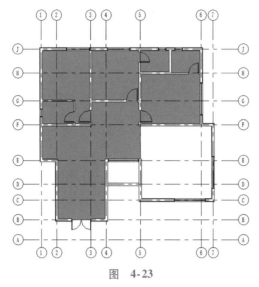

图　4-23

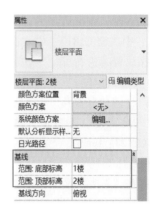

图　4-24

图　4-25

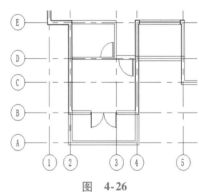

图　4-26

6）单击 "✔" 按钮完成2楼楼板创建，结果如图4-27所示，保存文件为 "别墅-二层模型 . rvt"。

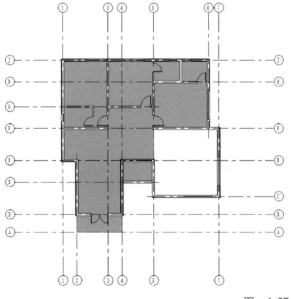

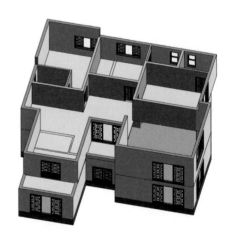

图　4-27

【任务小结】

本项目通过别墅二层模型的创建，学习了利用"复制到剪贴板"以及"粘贴"工具中的"与选定的标高对齐"命令将图元的副本粘贴到其他项目或视图中，以及运用"过滤器"工具快速选择图元。这些工具的使用可以提高创建模型的效率。

【知识加油站】

1. < Tab > 键的妙用

1）切换选择对象来帮助快速捕捉选取，如可通过 < Tab > 键来实现在墙中心线、墙外边线、轴线三线中来回切换选取。

2）可选取头尾相连的多面墙体。

3）在幕墙中可切换选取到幕墙网格或嵌板。

2. 用"拾取墙 "工具创建带偏移的楼板轮廓线

当使用"拾取墙 "时，可以在选项栏勾选"延伸到墙中（至核心层）"，设置到墙体核心的偏移量参数值，然后再单击拾取墙体，直接创建带偏移的楼板轮廓线，这与绘制好楼板边界后再使用偏移工具进行偏移的绘制效果相同。

【项目概述】

三维设计与二维设计在设计过程中存在较大差异，二维设计需要单独绘制剖面视图，但在Revit中只需要直接绘制剖面线，即可生成剖面。三维设计中，需要隐藏或隔离图元/类别或创建剖面视图等来查看模型，掌握建模过程中的技巧。

【项目目标】

1. 认识"视图范围"的作用，学会调整"视图范围"。
2. 学会设置图元的可见性，熟练运用"临时隐藏/隔离"工具在视图中隐藏或隔离图元。
3. 熟练掌握剖面视图的创建及编辑方法。

任务　创建三层墙体、门窗、楼板

【任务描述】

使用 Revit 2018 创建某别墅三层墙体、门窗、楼板，门窗类型及平面位置如图 5-1 所示。外墙类型为："基本墙：外墙-奶白色石漆漆面"；内墙除注明外，类型为"基本墙：石灰砖100mm"。三层楼板面层标高分别为 6.400m 和 6.500m，楼板类型为"常规-100mm"，楼板边延伸至墙体中心线。在Ⓔ、Ⓕ轴之间创建 1—1 剖面视图。

【知识链接】

5.1.1　视图范围与可见性

视图范围与可见性

在某楼层平面，如果要看到该楼层以下的其他楼层的构件，应该如何处理呢？假如在此楼层，只想看到某一类构件或不想看到某一类构件，又应该如何处理呢？

1. 视图范围

示例：打开上节保存的"别墅-二层模型.rvt"文件。如果需要在 2 楼平面视图中显示 1楼平面上的构件，有两种方法：

1）在"属性"框中设置基线范围，底部标高设为"1 楼"，顶部标高设为"2 楼"，如图 5-2 所示，则可以看到 1 楼的构件暗显在 2 楼平面视图中。

说明："基线"除了可以为楼层平面视图外，还可以是天花板视图，在开启"基线"视图

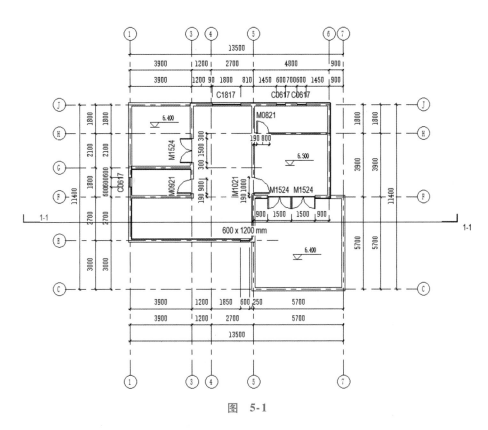

图　5-1

后，可以通过定义视图实例参数中的"基线方向"，指定在当前视图中显示该视图标高的楼层平面或是天花板平面。

2）在"属性"框中，单击"视图范围"的"编辑..."按钮，在弹出的"视图范围"对话框中调整"主要范围"及"视图深度"，如图 5-3 和图 5-4 所示。

图　5-2

图　5-3

需要注意的是，剖切面的标高是默认设置，不能修改。

在 Revit 中，每个楼层平面视图和天花板视图都具有"视图范围"视图属性，如图 5-5 所示，"主要范围"由"顶部平面""剖切面"和"底部平面"构成，"顶部平面"和"底部平面"用于指定视图范围的最顶部和最底部的位置，"剖切面"是确定视图中某些图元可视剖切高度的平面，这 3 个平面用于定义视图范围的主要范围。

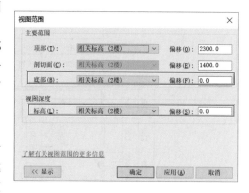

图 5-4

"视图深度"是视图主要范围之外的附加平面，可以设置视图深度的标高，以显示位于底裁剪平面之下的图元，默认情况下该标高与底部重合，"主要范围"的"底"不能超过"视图深度"设置的范围。主要范围和视图深度范围外的图元不会显示在平面视图中，除非设置视图实例属性中的"基线"参数。

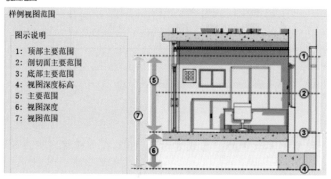

图 5-5

2. 可见性

在平面、立面或三维视图中，如果要对某个构件单独拿出来分析，或是需要在该视图中隐藏图元，可通过两种方式来实现。

1）"视图控制栏"中的"临时隐藏/隔离"功能。该功能的使用说明见项目一。

2）可见性/图形替换功能。

单击"视图"选项卡→"图形"面板→"可见性/图形🖼"工具，或按快捷键"VV"，打开"可见性/图形替换"对话框，通过该对话框可控制所有图元在各个视图中的可见性，其主要用于控制某一类别的所有图元的可见性。如图 5-6 所示，在三维视图中打开"可见性/图形替换"对话框，不勾选"窗"类别，则该视图中所有窗图元将不可见，其效果等同于："视图控制栏"→"临时隐藏/隔离"→"隐藏类别"→"将隐藏/隔离应用到视图"，即将该类别图元永久隐藏。

"可见性/图形替换"功能中除了"模型类别"外，还包括了"注释类别""分析模型类别""导入的类别"和"过滤器"，如："过滤器"可根据各过滤条件，过滤出不同类别的图元，如果要在视图中区分显示内墙和外墙，如图 5-7 所示，可通过添加"内墙"和"外墙"过滤器，将其截面"填充图案"分别设置为不同的颜色，则该平面视图中内墙与外墙的显示效果如图 5-8 所示。

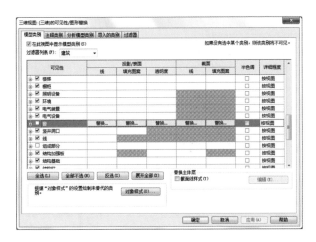

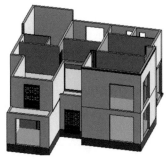

图　5-6

图　5-7

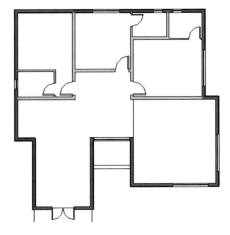

图　5-8

Revit 建筑建模技术

5.1.2 创建剖面视图

单击"视图"选项卡→"创建"面板→"剖面 ✦"命令→绘制剖面线→处理剖面位置→重命名剖面视图，如图5-9所示。

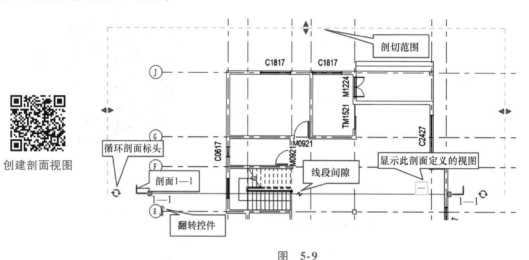

创建剖面视图

图 5-9

1）剖切范围：通过视图宽度和视图深度控制剖切模型的视图范围。

2）线段间隙：单击线段间隙符号，可在有隙缝的或连续的剖面线样式之间切换。

3）翻转控件：单击查看翻转控件可翻转视图的查看方向。

4）显示此剖面定义的视图：单击可弹出该剖面视图。

5）循环剖面标头：控制剖面线末端的可见性与位置。

剖面线只能绘制直线，但可通过"修改│视图"上下文选项卡的"剖面"面板中的"拆分线段 ▣"命令，修改直线为折线，形成阶梯剖面，如图5-10所示。

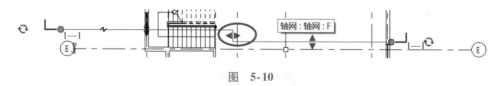

图 5-10

可以通过单击并按住鼠标拖曳操纵柄，调整剖面线的位置，当阶梯转折线一端的剖面位置线移动到与另一段平行线段对齐时，松开鼠标，两条线段合并成一条。

创建剖面视图后，在"项目浏览器"→"视图"项中自动新增该"剖面"视图，并按默认方式给其命名，选择某剖面，右击鼠标，选择"重命名"，即可重命名该剖面视图。

【任务实施】

建模流程：打开三层平面视图→绘制墙体→添加门窗→绘制楼板→创建剖面视图。

建模过程：

打开上节保存的"别墅-二层模型.rvt"文件。

1. 创建三层外墙

1）在"项目浏览器"中双击"楼层平面"下的"3楼"楼层平面视图。

86

2）绘制墙体：按"W＋A"组合键，墙的类型及其实例属性设置如图5-11所示，绘制如图5-12所示的外墙。

图　5-11

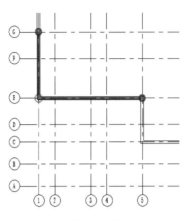

图　5-12

3）同样方法，在"属性"框中，将"顶部偏移"设置为"0.0"，其余参数设置同图5-11所示，绘制如图5-13所示的外墙；在"属性"框中，将"底部偏移"设置为"－100.0"，"顶部偏移"设置为"0"，其余参数设置同图5-11所示，绘制如图5-14所示的外墙；在"属性"框中，将"底部偏移"设置为"－100.0"，"顶部偏移"设置为"400.0"，其余参数设置同图5-11所示，绘制如图5-15所示的外墙。

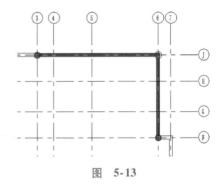

图　5-13

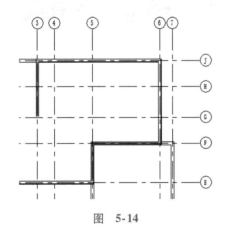

图　5-14

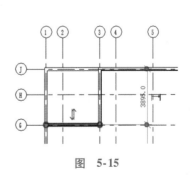

图　5-15

2. 创建三层内墙

1）选择"墙：建筑"命令，如图5-16所示设置墙体实例属性，绘制如图5-17所示的内墙。

2）同样方法，选择墙类型为"基本墙：石灰砖-100mm"，其他实例参数设置同图5-16所示，绘制如图5-18所示内墙，完成三层墙体的创建，效果如图5-19所示。

图 5-16

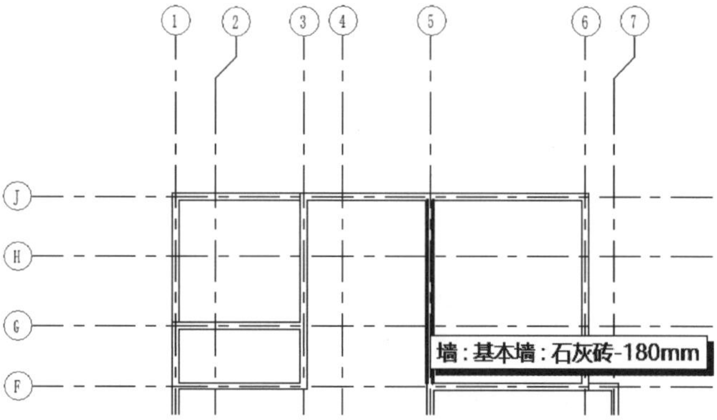

图 5-17

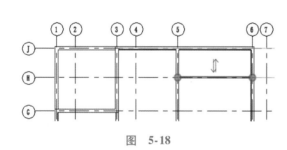

图 5-18

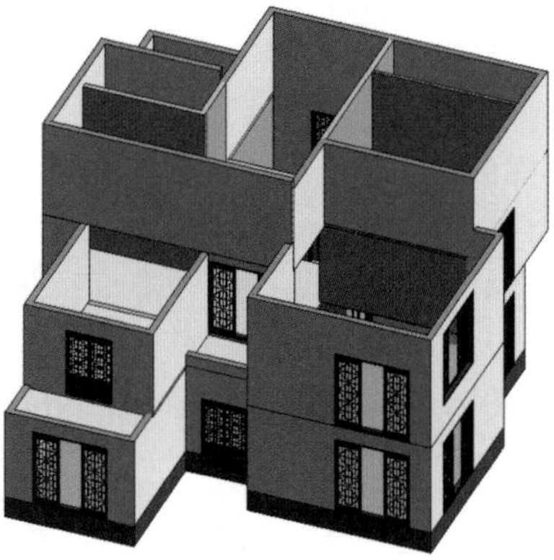

图 5-19

3. 创建三层门窗

门窗的插入和编辑方法同前，本任务不再详述。

1）在项目浏览器"楼层平面"中鼠标双击"3 楼"，进入 3 楼楼层平面。

2）放置门：选择选项卡"建筑"→"门"命令，在类型选择器中选择"装饰木门 M0821""装饰木门 M0921""装饰木门 M1021""中式双扇门 M1524"，按图 5-1 所示位置，移动光标到墙体上单击放置门，并编辑临时尺寸位置进行精确定位。

3）放置窗：选择选项卡"建筑"→"窗"命令，在类型选择器中选择"中式窗 C1817""上下拉窗 C0617""上下拉窗 600×1200mm"，按图 5-1 所示位置，移动光标到墙体上单击放置窗，并编辑临时尺寸位置进行精确定位。

4）编辑窗台高度：在平面视图中选择窗，在"属性"框中，修改"底高度"参数值，调整窗台高。"中式窗 C1817"和"上下拉窗 C0617"的窗台高度为 900mm，"上下拉窗 600×1200mm"的窗台高度为 1100mm。

4. 创建三层楼板

1）打开 3 楼平面视图，单击"建筑"选项卡→"楼板：建筑"命令，选择楼板类型为

"楼板：常规-100mm"，"标高"为"3楼"，"自标高的高度偏移"为"0"。单击"拾取线"命令，绘制如图5-20所示的楼板轮廓线，单击"完成"按键，绘制完成楼板，如图5-21所示。

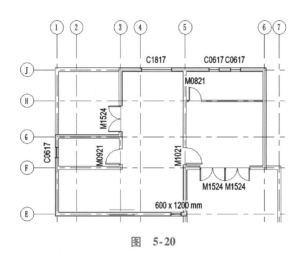

图　5-20

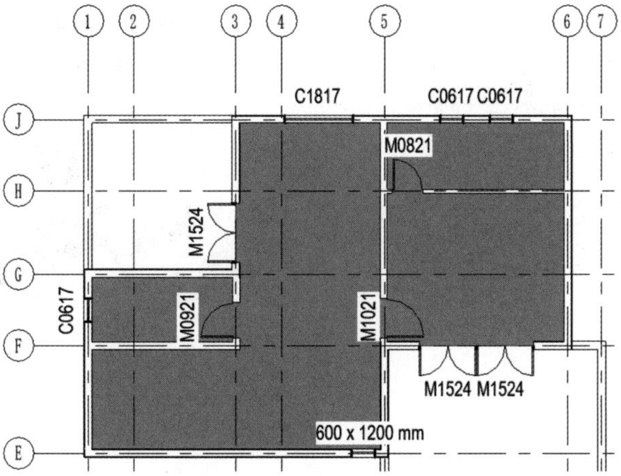

图　5-21

2）同样方法，单击"建筑"选项卡→"楼板：建筑"命令，选择楼板类型为"楼板：常规-100mm"，"标高"为"3楼"，"自标高的高度偏移"为"－100"，绘制如图5-22所示的楼板轮廓线。单击"完成"按键，绘制完成楼板，三层楼板最终效果如图5-23所示。

5. 创建剖面视图

1）单击"项目浏览器"中的"楼层平面"下的"3楼"，打开三层平面视图，绘制剖面视图。

2）单击"视图"选项卡→"创建"面板→"剖面"命令，在Ⓔ、Ⓕ轴线之间绘制一根剖面线，调整剖面的可视范围。

3）在"项目浏览器"中，鼠标右击新建的"剖面"视图，选择"重命名"按钮，将"剖面1"重命名为"1—1"，双击"1—1"剖面，即可进入"1—1"剖面视图，如图5-24所示。

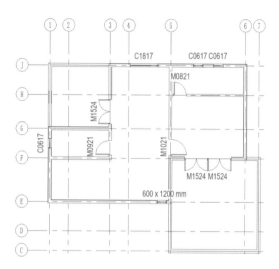

图 5-22

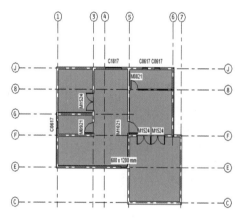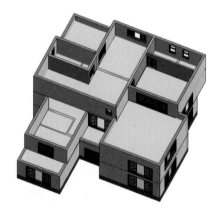

图 5-23

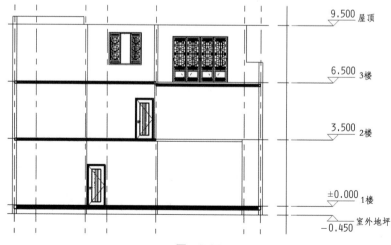

图 5-24

完成后保存文件为"别墅—三层模型 . rvt"。

【任务小结】

本项目主要学习了调整视图范围、设置可见性、创建与编辑剖面视图的方法。复习了创建与编辑墙体、门窗、楼板，设置实例属性与类型属性的操作。

【知识加油站】

不同的框选方式：

从左上角位置向右下角位置框选：只有全部包含在框内的构件才会被选中。

从右下角位置向左上角位置框选：只需要框选到构件的一部分即可被选中。

在此基础上再结合使用过滤器，便可快速选择所需图元。

【项目概述】

幕墙是现代建筑中常用的一种建筑外墙，在 Revit 中也属于墙的一种类型。Revit 中有幕墙和幕墙系统两种创建方法，常规幕墙可以通过创建墙的工具来创建，异形幕墙则可以通过 Revit 中的幕墙系统来创建。本项目主要介绍 Revit 2018 常规幕墙的创建方法。

【项目目标】

1. 认识幕墙的基本组成和类型。
2. 熟练掌握创建幕墙的方法，熟练设置类型属性和实例属性。
3. 掌握编辑幕墙轮廓、网格线、竖梃、幕墙嵌板的各种方法。

任务 创建与编辑幕墙

【任务描述】

使用 Revit 创建某别墅西立面上玻璃幕墙，样式如图 6-1 所示。

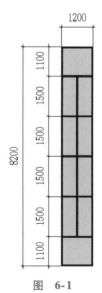

图 6-1

【知识链接】

 6.1.1　绘制幕墙

1. 幕墙概述

幕墙是现代建筑中常用的一种建筑外墙，不承担主体结构所受荷载的建筑外围护结构或装饰结构，具有外观现代感强、轻质灵活、维修方便等特点。幕墙由网格、竖梃和幕墙嵌板组成，网格线是细分幕墙的基础图元，定义了竖梃的位置。竖梃是定位于网格线上的实际构件。嵌板为支撑在竖梃之间的片状构件。

幕墙默认有 3 种类型：店面、外部玻璃、幕墙，如图 6-2 所示。每种类型的幕墙均可通过竖梃样式、网格分割形式、嵌板样式来进行设置。

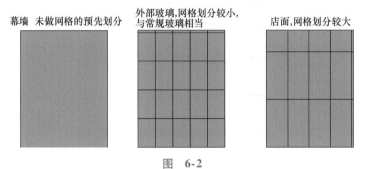

图　6-2

2. 创建幕墙

幕墙在 Revit 软件中属于墙的一种类型，可以像绘制基本墙一样绘制幕墙。常规的创建方法是先定位好网格线，后生成竖梃。

绘制方法：选择"建筑"选项卡→单击"构建"面板→"墙：建筑"→在"属性"框类型选择器中选择"幕墙"类型→绘制幕墙→编辑幕墙，如图 6-3 所示。

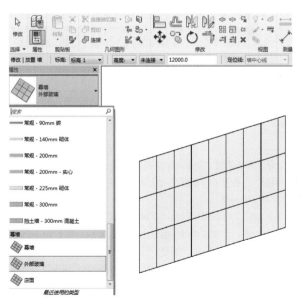

绘制幕墙

图　6-3

3. 图元属性设置

（1）类型属性　绘制幕墙前，单击"属性"框中的"编辑类型"，在弹出的"类型属性"对话框中设置幕墙参数，如图 6-4 所示。主要设置的参数有："构造""垂直网格"样式、"水平网格"样式、"垂直竖梃"和"水平竖梃"。

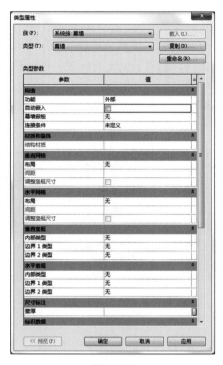

图　6-4

"类型属性"对话框中的主要类型参数以及相应的值设置见表 6-1。

表 6-1　"类型属性"对话框中的主要类型参数以及相应的值设置

参　　数	值
构造	
自动嵌入	勾选此项，则创建的幕墙自动嵌入普通墙体并剪切墙体
幕墙嵌板	单击"无"下拉框，可选择幕墙的嵌板类型，如常用的玻璃幕墙选择为"系统嵌板：玻璃"
连接条件	控制在某个幕墙图元类型中在交点处截断哪些竖梃。如可设置为所有水平或垂直竖梃连续
垂直/水平网格样式	
布局	用于分割幕墙表面。"布局"下拉框中有"无""固定数量""固定距离""最大间距""最小间距"5 种方式。如果将此值设置为除"无"外的其他值，则 Revit 会自动在幕墙上添加垂直/水平网格线 ● 无：创建的幕墙没有网格线，可在创建完幕墙后，手工添加网格线 ● 固定数量：设置幕墙网格数量，选择此项后，则不能编辑幕墙"间距"选项。其数量值可在幕墙"属性"框的"编号"中设置 ● 固定距离：表示根据垂直/水平间距指定的确切值来设置幕墙网格 ● 最大间距：此选项可使幕墙轴网自动等分，且间距小于最大间距值 ● 最小间距：此选项可使幕墙轴网自动等分，且间距大于最小间距值

（续）

参　　数	值
间距	当"布局"设置为"固定距离""最大间距"或"最小间距"时需设置此项。如"布局"设置为"固定距离"，则 Revit 将根据设置的间距值划分垂直/水平网格。如果墙的长度不能被此间距整除，Revit 会根据"属性"框中的"对正"选项的设置在墙的一端或两端插入一端距离
垂直/水平竖梃	
内部类型	设置内部垂直/水平竖梃的样式，设置的竖梃样式会自动在幕墙网格上添加
边界 1 类型	设置垂直/水平网格线上左/上边界上的竖梃样式
边界 2 类型	设置垂直/水平网格线上右/下边界上的竖梃样式

（2）实例属性　幕墙的实例属性的各参数可在"属性"框中进行设置。与普通墙相比，幕墙的实例属性多了"垂直/水平网格"样式的设置，"垂直/水平网格"样式除在类型属性中设置相关参数外，在"属性"框中可以设置"编号""对正""角度""偏移"等参数如图 6-5 所示。"编号"项只有在类型属性中的网格样式"布局"设置为"固定数量"时才能被激活，编号值即代表网格数（不包括边界网格）。

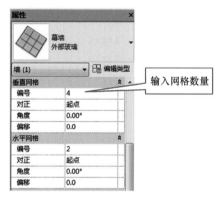

图　6-5

6.1.2　编辑幕墙

编辑幕墙

1. 编辑幕墙立面轮廓

选择已创建的幕墙，自动激活"修改|墙"上下文选项卡，单击"模式"面板下的"编辑轮廓"按钮，即可像编辑基本墙一样任意修改其立面轮廓。

2. 手工修改幕墙网格

对于已创建的幕墙，可手动调整幕墙网格间距。将光标移到某水平或垂直网格线处，待网格线高亮显示时，单击鼠标左键选中，出现临时尺寸标注及"锁定"标记，单击"锁定"标记，开锁后即可单击网格临时尺寸进行修改，如图 6-6 所示。

3. 放置幕墙网格与竖梃

对于已创建的幕墙，可以整体分割或局部细分幕墙嵌板。

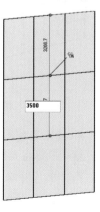

图　6-6

单击"建筑"选项卡→"构建"面板→"幕墙网格" ▦（或"竖梃" ▦）按钮，在弹出的"修改│放置幕墙网格（或竖梃）"上下文选项卡的"放置"面板中，如图 6-7a 和图 6-7b 所示，可以选择网格或竖梃的放置方式。

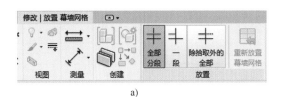   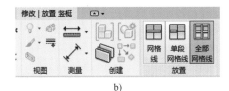

图 6-7

（1）放置幕墙网格

1）全部分段：单击添加整条网格线。

2）一段：单击添加一段网格线，从而细分嵌板。

3）除拾取外的全部：单击，将鼠标移至某垂直/水平网格线上，待出现水平/垂直网格线位置预览时单击鼠标左键，添加一条红色的整条网格线，再单击某段，则该段将被删除，其余的嵌板添加网格线，如图 6-8 所示。

（2）放置幕墙竖梃

1）网格线：单击某条网格线，则整条网格线均添加竖梃。

2）单段网格线：单击添加一段网格线上的竖梃。

3）全部网格线：在所有空网格线上添加竖梃，如图 6-9 所示。

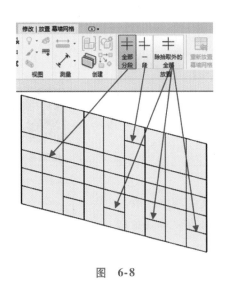

图 6-8

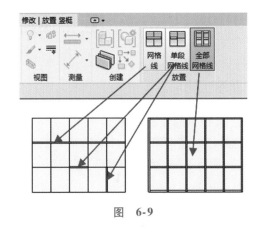

图 6-9

4. 编辑幕墙网格线段

移动鼠标将光标移至某根幕墙网格处，待网格线高亮显示时，单击鼠标左键，选中幕墙网格，则出现"修改│幕墙网格"上下文选项卡，单击"幕墙网格"面板中的"添加/删除线段" ⊬ 按钮。此时，单击选中幕墙网格中需要断开的该段网格线，若再次单击此处又可添加网格线，如图 6-10 所示。若选中已放置竖梃的网格线，删除幕墙网格线，则同步会删除幕墙竖梃。若在幕墙类型属性中设置了幕墙竖梃后，添加或删除幕墙网格线，则同步会添加/删除幕墙竖梃。

5. 替换幕墙嵌板

可以将创建的幕墙玻璃嵌板替换为门或窗（需要注意的是，替换的门窗是使用幕墙嵌板的族样板来制作的，与常规门窗族不同），也可以将幕墙嵌板替换为基本墙。将鼠标放在要替换的幕墙嵌板边沿，通过多次按＜Tab＞键切换选择幕墙嵌板（可观察屏幕下方的状态栏中显示），选中幕墙嵌板后，自动激活"修改｜幕墙嵌板"上下文选项卡，在"属性"框中的"类型选择器"中选择用来替换的嵌板类型（门、窗或基本墙等），如果没有，可通过"载入族"从族库中载入到项目中，如图6-11所示。

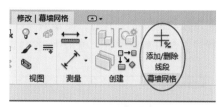

图　6-10

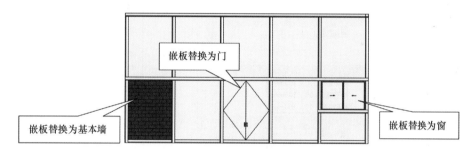

图　6-11

【任务实施】

建模流程：切换至幕墙绘制楼层→"建筑"选项卡→"构建"面板→"墙"下拉按钮→"墙：建筑"命令→"属性"框类型选择器中选择幕墙类型→绘制幕墙→编辑幕墙。

建模过程：

打开上节保存的"别墅-三层模型.rvt"文件。

1. 绘制西立面玻璃幕墙

1）在项目浏览器中双击"楼层平面"下的"1楼"楼层平面视图。

2）单击"建筑"→"墙：建筑"，在"属性"框中选择幕墙类型"幕墙"，单击"编辑类型"按钮，在弹出的"类型属性"对话框中单击"复制"按钮，在弹出的"名称"对话框中输入"C1"，如图6-12所示，单击"确定"后返回"类型属性"对话框，设置"垂直网格"和"水平网格"样式、"垂直竖梃"和"水平竖梃"样式，具体参数值如图6-13所示，设置完毕后单击"确定"按钮。

图　6-12

3）在"属性"框中设置相关参数，如图6-14所示。在①轴与ⓔ轴和ⓕ轴相交处的墙上单击一点，拖动鼠标向上移动，使幕墙宽度为1200mm，按照如图6-15所示尺寸，通过修改临时尺寸标注，调整幕墙位置，单击 ⇆ 控件调整幕墙的外方向。

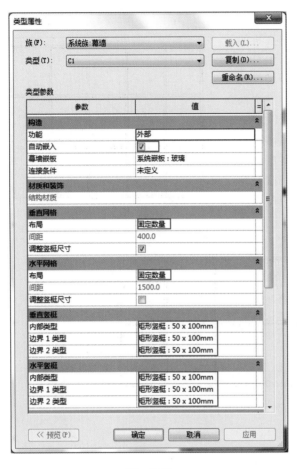

图 6-13

图 6-14

2. 编辑西立面玻璃幕墙

1）切换到西立面图，已创建好的幕墙如图6-16a所示，将鼠标移动到幕墙的竖梃上，循环单击 < Tab > 键至鼠标附近或状态栏中出现"幕墙网格：网格线"的提示，单击鼠标选中网格线，自动激活"修改│幕墙网格"选项卡，单击"添加/删除线段"命令，再单击需要删除的网格线段，则网格线被删除，相应的竖梃也被同时删除，修改后的幕墙 C2 如图6-16b所示。

2）选中最上面横向网格线，出现临时尺寸标注，解锁，将网格线与上边框的尺寸改为1100mm，如图6-16c所示。同样方法将最下面的横向网格线与下边框的尺寸调整为1100mm。

3）框选全部幕墙，解锁。单击"注释"选项卡→"尺寸标注"面板→"对齐"命令，如图6-17a所示标注网格线尺寸，单击尺寸附近的 ᴱᵠ 图标，进行各尺寸间距等分，效果如图6-17b所示，再次单击 ᴱᵠ 图标，则尺寸标注显示数字，如图6-17c所示。删除尺寸标注，选中整个幕墙，锁定。

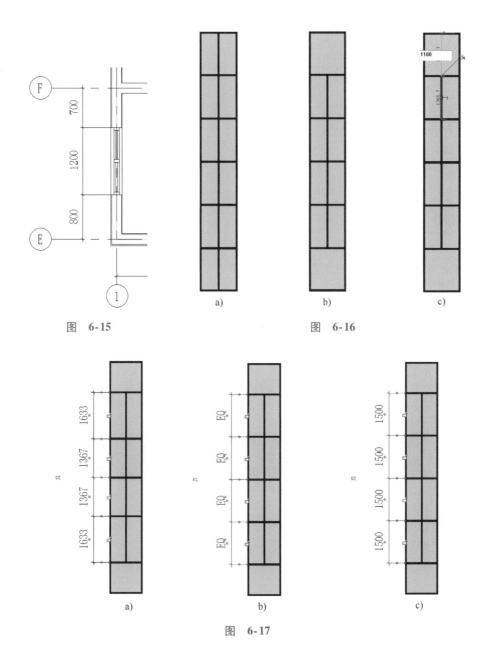

图 6-15   图 6-16

图 6-17

3. 幕墙创建完毕

保存文件为"别墅-幕墙.rvt"。

【任务小结】

本项目主要学习了常规幕墙的创建与编辑的方法。幕墙主要通过幕墙网格、竖梃和嵌板的
设置和编辑来创建。熟练使用各种参数设置及编辑方法,可以创建任意形式的平面幕墙样式。

项目七

屋顶的创建

【项目概述】

屋顶是房屋最上层起防护作用的围护结构，是房屋必不可少的一部分。常见的屋顶有平屋顶和坡屋顶，坡屋顶更便于排水且有美化屋顶效果，常用在别墅或住宅建筑中。在 Revit 中有多种屋顶创建工具，如：迹线屋顶、拉伸屋顶、面屋顶、玻璃斜窗。屋顶材料一般为混凝土结构，也可同幕墙一样为玻璃结构。本项目主要介绍 Revit 2018 常规屋顶的创建方法。

【项目目标】

1. 熟练掌握迹线屋顶的创建方法、屋顶材料编辑。
2. 熟悉拉伸屋顶、墙体"附着顶部或底部"。
3. 了解"坡度箭头"调整屋顶。

任务 1 创建与编辑迹线屋顶

【任务描述】

使用 Revit 2018 创建某别墅屋顶，屋顶形式为四面双坡，檐口悬挑长度（距外墙面）为 400mm，屋顶厚度为 120mm，屋面材料为"灰色瓦屋面"，屋顶坡度均为 30°，平面位置如图 7-1 所示。

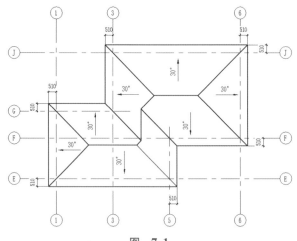

图 7-1

【知识链接】

 7.1.1 创建迹线屋顶

Revit 中创建屋顶的方法有三种，分别是迹线屋顶、拉伸屋顶和面屋顶，如图 7-2 所示。拉伸屋顶是根据指定立面轮廓进行拉伸来创建屋顶，面屋顶用体量建模，而迹线屋顶的创建方式与楼板非常类似，不同的是在迹线屋顶中可以灵活地为屋顶定义多个坡度，适用性广。本节主要介绍迹线屋顶。

创建迹线屋顶即通过绘制屋顶的各条轮廓边界线，并为轮廓边界线定义坡度的过程。

创建流程：单击"建筑"选项卡→"构建"面板→"屋顶▛"面板→"迹线屋顶▛"→"修改│创建屋顶迹线"→在"属性"框的"类型选择器"中选择（或通过"编辑类型"设置）屋顶类型→选择绘制方式→设置屋顶实例参数→绘制屋顶→编辑屋顶→✔完成编辑。

1. 边界线绘制方式

示例：创建某房屋坡屋顶。

图 7-2

打开本书配套资源"屋顶练习.rvt"文件，某房屋墙体平面及南立面图如图 7-3 所示。在"项目浏览器"中切换到需创建屋顶的楼层平面视图，如"屋顶"平面视图。

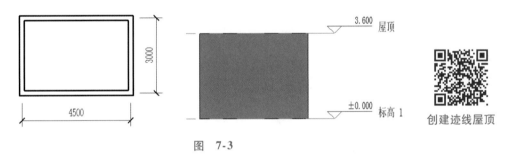

图 7-3

注意：由于绘制屋顶时需参考下层墙体，在"属性"框中将"基线"→"范围：底部标高"调整为屋顶楼层的下一层，如图 7-4 所示。

单击"屋顶"→"迹线屋顶▛"命令，软件默认为"边界线"绘制方式，如图 7-5 所示。

图 7-4

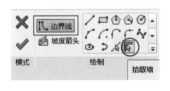

图 7-5

（1）选择或设置屋顶类型 在"属性"框的"类型选择器"列表中选择"基本屋顶：常规-120mm"类型；也可根据需要通过"编辑类型"→"类型属性"对话框→"复制""命名"新建一个屋顶→"结构/编辑"→"编辑部件"对话框，可以根据实际屋顶需求，设置屋顶的构造层、材质、厚度等，设置方法同项目三中墙体类型设置。

（2）绘制屋顶迹线　在"修改｜创建屋顶迹线"上下文选项卡→"绘制"面板中选择绘制命令（如默认选择"拾取墙"），如图 7-5 所示，在出现的"选项栏"中勾选"定义坡度"，"悬挑"设置为"300.0"，如图 7-6所示。

图　7-6

说明：不同的绘制命令对应的选项栏有所不同。

将光标移到外墙外侧，确保悬挑位置预览虚线位于外墙外侧，配合键盘 Tab 键，选择全部外墙，如图 7-7 所示；单击鼠标右键，自动生成屋顶迹线，如图 7-8 所示，图中每边迹线附近◣符号表示屋顶该侧边线有坡度。若在"选项栏"中不勾选"定义坡度"选项，则屋顶不生成坡度，各边迹线附近不出现◣符号。

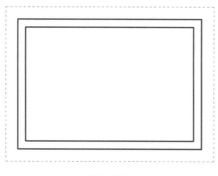

图　7-7

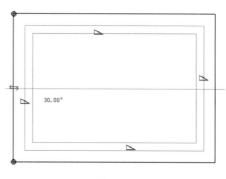

图　7-8

（3）设置屋顶实例属性　在"属性"框中设置有关屋顶实例参数，如图 7-9 所示，可设置屋顶的底部标高及偏移、截断标高及偏移、椽截面、坡度等。

如按图 7-9 所示，完成属性设置后，单击"模式"面板 ✔ 按钮完成编辑模式，创建的屋顶效果如图 7-10 所示。

图　7-9

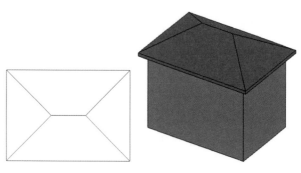

图　7-10

1）截断标高/截断偏移。"截断标高"指屋顶顶标高到达该标高截面时，屋顶会被该截面截断成洞口，"截断偏移"指截断面在"截断标高"处向上或向下的偏移值（正值向上）。

在上例中，若将"截断标高"设置为"屋顶"，"截断偏移"设置为"500"，属性设置完毕后，单击"模式"面板 ✔ 按钮完成编辑模式，创建的屋顶效果如图7-11所示，即屋顶从"屋顶"标高上500mm处被截断（不包含屋顶厚度）。

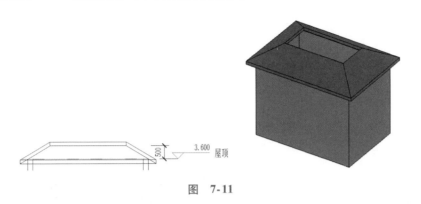

图 7-11

2）橡截面。"橡截面"指的是屋顶边界处理方式，包括垂直截面、垂直双截面与正方形双截面。读者可自行尝试，在剖面视图中观察三种方式的屋顶橡截面效果，如图7-12所示。

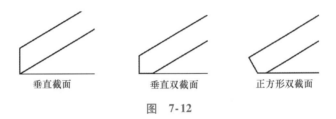

图 7-12

2. 坡度箭头绘制方式

在"修改│创建屋顶迹线"上下文选项卡中，还提供了"坡度箭头"绘制方式。

示例：在上例中，屋顶边界线绘制完成后，使用"修改"面板中"拆分墙元"命令，如图7-13所示；把其中一段屋顶边界线拆分出相等的两段，如图7-14所示；然后把这两段屋顶边线坡度取消。

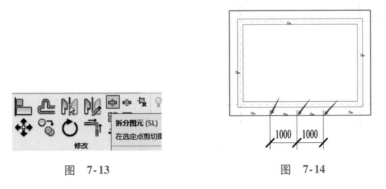

图 7-13   图 7-14

单击"绘制"面板→"坡度箭头 ◢"命令，分别在刚拆分的两段墙边线上绘制"坡度箭头"，箭头方向相对，如图7-15所示，分别选择坡度箭头，在"属性"框中设置"头高度偏移"为"800.0"，如图7-16所示，单击 ✔ 完成编辑状态，屋顶创建效果如图7-17所示。

注意："属性"栏中"头高度偏移"的数值不能大于屋顶高度差。

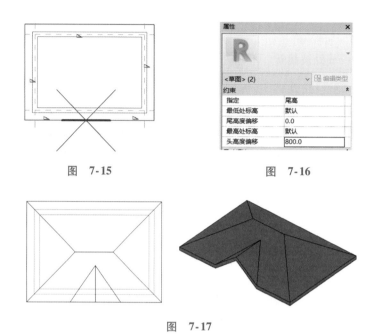

图　7-15　　　　　　　　　　　　　图　7-16

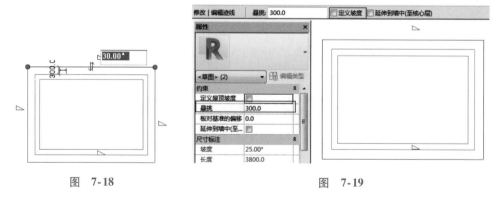

图　7-17

提示：屋顶创建后，可使用"修改｜墙体"→"附着顶部/底部"功能将墙体顶部附着至斜屋面板底，具体操作见项目三"3.1.2 编辑墙体"。

7.1.2　编辑迹线屋顶

如需修改已创建的屋顶，还可选中该屋顶，单击"修改｜屋顶"上下文选项卡→"模式"面板→"编辑迹线　"命令，即可再次进入到屋顶的迹线编辑模式。

1. 坡度编辑

在迹线编辑模式下，在"属性"框中修改"坡度"值可同时改变屋顶各侧坡度；选择某根边界线在激活的文本框或"属性"框的"坡度"栏中输入新的坡度值可改变该侧屋面坡度，如图 7-18 所示；选择单根或多根边界线，在"属性"框或"选项栏"中取消"定义坡度"选项，则所选侧不生成坡度，坡度符号　消失，如图 7-19 所示。

图　7-18　　　　　　　　　　　　　图　7-19

若如图 7-19 所示，取消左右两边的"定义坡度"后，单击 ✔ 按钮，则屋顶创建效果如图 7-20 所示。

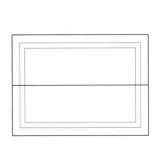

编辑迹线屋顶

图　7-20

2. 连接/取消连接屋顶

屋顶的编辑还可以利用"修改"或"修改│屋顶"选项卡→"几何图形"面板→"连接/取消连接屋顶 "命令，将一个屋顶连接到另一个屋顶上，如图 7-21 所示。

图　7-21

【任务实施】

打开项目六保存的"别墅—幕墙 . rvt"文件，切换到"楼层平面：屋顶"视图，单击"建筑"选项卡→"屋顶"→"迹线屋顶"按钮，激活"修改│创建迹线屋顶"上下文选项卡。

（1）设置屋顶类型　在"属性"→"类型选择器"中选择"基本屋顶：常规 – 125mm"类型，单击"编辑类型"按钮，打开"类型属性"对话框→复制、重命名为"别墅屋顶"→单击"编辑：结构"，在弹出的"编辑部件"对话框中，修改"结构层"材质为"灰色瓦屋面"，厚度为120mm，如图 7-22 所示，单击"确定"，退出"类型属性"对话框。

（2）设置屋顶实例属性　单击"绘制"面板→"拾取墙"命令，"选项栏"及"属性"框中实例参数设置如图 7-23 所示。

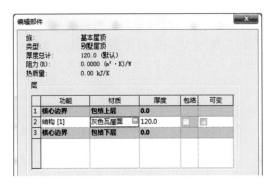

图　7-22　　　　　　　　　　　　　　　图　7-23

（3）绘制屋顶　将光标移动至外墙外边缘，配合＜Tab＞键选择所有外墙，如图7-24所示；单击鼠标左键，即可生成闭合屋顶迹线，在"属性"框中设置"坡度"为"30°"。单击✔按钮完成迹线绘制，即可生成屋顶，切换到三维视图观察效果，如图7-25所示。

注意：屋顶迹线最终必须是闭合的交线，如不闭合，应注意修剪成为闭合。

完成屋顶创建后，可再次选择屋顶，单击"编辑迹线"命令进行修改。

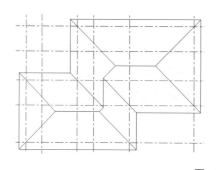

图　7-24

（4）附着墙体至屋顶　在立面视图或三维视图中，使用"过滤器"功能选择三层所有墙体，单击"修改│墙"上下文选项卡→"修改墙"面板→"附着顶部/底部"命令，再单击屋顶，三层所有墙体顶部即附着至屋顶。

图　7-25

（5）三层屋顶创建完毕　保存文件为"别墅-迹线屋顶.rvt"。

【任务小结】

本任务主要学习"迹线屋顶"方式创建与编辑屋顶，对迹线屋顶的创建流程与绘制方法、屋顶类型属性及实例属性的设置、墙体"附着顶部或底部"等进行实际操作训练并达到熟练。

【知识加油站】

1．"线"命令绘制屋顶

除"拾取墙"命令外，屋顶迹线还可以用"绘制"面板中提供的其他方式绘制，如采用"线"绘制，如图7-26所示，绘制同图7-28完全一样的屋顶线，其他参数也同图7-28中的屋顶。创建的屋顶，其剖面如图7-27所示。对比图7-28是用"拾取墙"方式绘制的屋顶剖面。

图　7-26　　　　　图　7-27　　　　　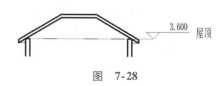

图　7-28

　　注意：对比图7-27和图7-28可以看出，采用直线或者曲线方式绘制的屋顶，其"底部标高"基线为屋面板下边缘；采用"拾取墙"方式绘制的屋顶，其"底部标高"为墙外边缘与屋面板交接处，注意它们有不同的应用效果。

2. 坡度单位的格式

　　系统默认坡度的单位为度"°"，要修改为其他格式，则可单击"管理"选项卡→"设置"面板→"项目单位"按钮，弹出如图7-29所示"项目单位"对话框，单击"坡度"后的示例数值，弹出"格式"对话框，可根据项目需要在"单位""舍入""单位符号"等栏中进行设置，如图7-30所示。

图　7-29

图　7-30

任务2　创建与编辑拉伸屋顶

【任务描述】

　　使用Revit 2018创建别墅项目二层局部两坡屋顶，如图7-31所示，檐口底面标高为3楼（6.5m），悬挑长度（距外墙面）为390mm，屋顶坡度均为30°，屋顶厚度为120mm，屋面材料为"灰色瓦屋面"。

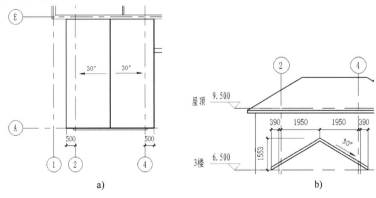

a)　　　　　　　　　　　　　　　　　b)

图　7-31

a）屋顶平面　b）屋顶立面

【知识链接】

拉伸屋顶是在某一竖向面内绘制屋顶截面轮廓线，然后在垂直于该竖向平面的方向进行拉伸而成。拉伸屋顶更适合从平面上不能创建的屋顶，如图 7-32 所示曲面屋顶。

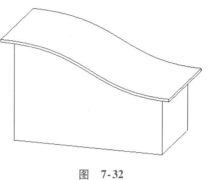

图 7-32

【任务实施】

建模流程："建筑"选项卡→"构建"面板→"屋顶"下拉按钮→"拉伸屋顶"命令→"属性"框的"类型选择器"中选择屋顶类型→选择工作平面→绘制屋顶→编辑屋顶。

7.2.1 创建拉伸屋顶

1) 打开上节保存的"别墅-迹线屋顶.rvt"文件，切换到"立面：南"视图，适当缩放视图到 3 楼②~④轴位置，如图 7-33 所示。单击"建筑"选项卡→"工作平面"→"参照平面📄"或按"R + P"组合键，激活"修改｜放置工作平面"上下文选项卡，采用默认的"线"命令，在"选项栏"中输入"偏移"值"390.0" 修改 | 放置 参照平面　偏移: 390.0 ，分别捕捉②、④轴外墙面线绘制 2 个垂直参照平面；同样方法，将"偏移"值设为"0"，绘制 2 个坡度参照平面，角度为 30°。

技巧：绘制参照平面时，参照平面的偏移方向可通过空格键来改变。

创建拉伸屋顶

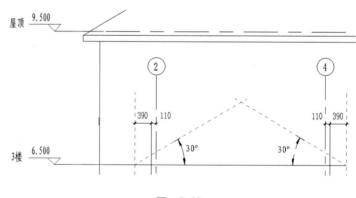

图 7-33

2) 在"项目浏览器"中切换至"楼层平面：3 楼"平面视图，将"基线"设置为"2 楼"以便在 3 楼平面视图中能灰显 2 楼墙体。适当缩放视图到②~④/Ⓐ~Ⓔ轴位置，如图 7-34 所示。

3) 单击"建筑"选项卡→"构建"面板→"屋顶"下拉按钮→"拉伸屋顶📐"命令，弹出"工作平面"对话框，如图 7-35 所示，选择"拾取一个平面"并单击"确定"；在 3 楼平面视图中，拾取Ⓐ轴线，则软件自动弹出"转到视图"对话框，如图 7-36 所示，选择"立面：南"，单击"打开视图"按钮，弹出"屋顶参照标高和偏移"对话框，如图 7-37 所示；在"标高"下拉列表中选择"3 楼"，单击"确定"按钮。

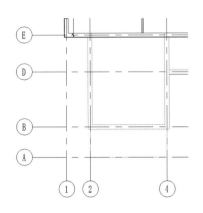

图 7-34

图 7-35

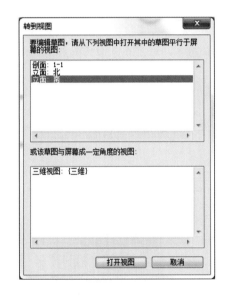

图 7-36

图 7-37

说明：绘制拉伸屋顶截面轮廓线时需要先选择工作平面，在平面视图中选择不同的线（代表一个面），在"转到视图"对话框中的可选择的视图是不同的。注意如果选择水平直线，则跳转到"南、北"立面视图；如果选择垂直线，则跳转到"东、西"立面视图；如果选择的是斜线，则跳转到"东、西、南、北"立面视图，同时三维视图均可跳转。

4）在南立面视图中，单击"修改｜创建拉伸屋顶轮廓"→"绘制"面板→"线"命令，在"选项"栏"偏移"中输入"–120.0" ☑链 偏移: -120.0 （说明：屋顶板厚为120mm），捕捉左侧竖直参照平面与坡度参照平面的交点，沿着坡度参照平面绘制屋面截面轮廓线；使用"修剪／延伸 "命令修剪轮廓线，结果如图7-38所示，在"属性"框的"类型选择器"中，选择屋顶类型"基本屋顶：别墅屋顶"，"拉伸起点"设置为"0.0"，如图7-39所示。单击"模式"面板中 ✔ 按钮完成编辑状态。效果如图7-40所示。

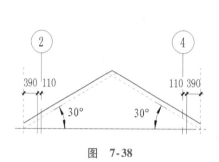

图　7-38

图　7-39

说明：①创建拉伸屋顶时，其截面轮廓线无须闭合。②"属性"框中"拉伸起点""拉伸终点"均以工作平面（图7-35中指定的Ⓐ轴）为参照，向上为正值，向下为负值，如准确知道"拉伸起点""拉伸终点"值可在"属性"框中直接输入，也可在平面视图或立面视图中进行修改。

5）切换到"楼层平面：3 楼"视图，选中刚创建的拉伸屋顶，观察拉伸屋顶的起点、终点位置，拖曳上侧操纵柄（也可使用"对齐"命令），使屋顶拉伸终点与Ⓔ轴外墙面齐平，如图 7-41 所示，单击🔒标记将屋顶拉伸终点与外墙面图元关系锁定。观察此时"属性"框中"拉伸终点"的数值变化为"5890"。

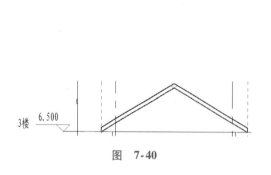

图　7-40

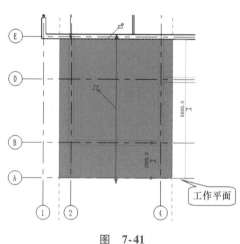

图　7-41

6）拉伸屋顶创建完毕，切换到三维视图，选择②、④、Ⓑ轴墙体，使其顶部附着到拉伸屋顶下，效果如图7-42所示。保存文件为"别墅-拉伸屋顶.rvt"。

7.2.2　编辑拉伸屋顶

拉伸屋顶绘制完成后，若需修改，还可选中屋顶，弹出"修改|屋顶"上下文选项卡，单击"模式"面板中"编辑轮廓💝"命令，可再次进入到编辑轮廓草图模式，修改屋顶截面草图。

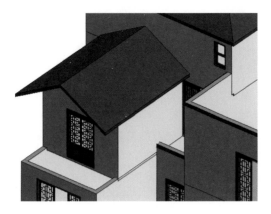

编辑拉伸屋顶

图　7-42

【任务小结】

拉伸屋顶主要用于在平面上不易创建的屋顶形式，如曲面屋顶。本任务中通过创建双坡屋顶学习了拉伸屋顶的创建和编辑，拉伸屋顶时，需设置工作平面和参照平面。双坡屋顶也可使用"迹线屋顶"命令进行创建。

【知识加油站】　参照平面

参照平面是创建模型时起定位参照作用的工作平面，是辅助绘图的重要工具，如绘制楼梯常用参照平面定位，同样地，在创建族时，参照平面也是一个非常重要的部分。在各自视图中绘制的参照平面，在该平面中显示的仅是一条线，但其实在三维中是一个平面。

对于绘制的各参照平面，可在"属性"框中输入参照平面的名称，名称可以用来识别参照平面，以便能够选择它来作为工作平面。

任务3　创建玻璃雨篷

【任务描述】

使用 Revit 2018 创建某别墅玻璃雨篷，平面尺寸及样式如图 7-43 所示，内部竖梃类型为"矩形竖梃：50×100mm"，边界竖梃类型为"150×200mm"，边界竖梃顶部标高为 2 楼标高 3.500m。

【知识链接】

建模流程：切换至楼层平面图→"建筑"选项卡→"构建"面板→"屋顶"下拉按钮→"迹线屋顶"命令→"属性"框的"类型选择器"中选择屋顶类型"玻璃斜窗"→设置类型属性及实例属性→绘制屋顶→编辑屋顶。

说明："玻璃斜窗"屋顶同样可以用迹线屋顶或拉伸屋顶命令进行创建。

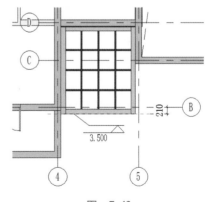

图　7-43

【任务实施】

7.3.1 创建玻璃斜窗

1）打开上节保存的"别墅-拉伸屋顶.rvt"文件，切换到"楼层平面：2 楼"视图。

2）单击"建筑"→"屋顶：迹线屋顶"，自动激活"修改│创建屋顶迹线"上下文选项卡。在"属性"框的"类型选择器"中选择"玻璃斜窗"，如图 7-44 所示；单击"编辑属性"按钮，在弹出的"类型属性"对话框中设置参数："网格 1""网格 2"中的布局均选择"固定数量"方式，选择符合要求的边界及内部竖梃类型，如图 7-45 所示。

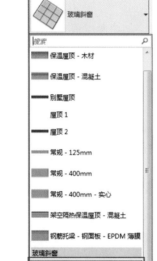

创建玻璃雨篷

图　7-44　　　　　　　　　　　　　　　图　7-45

在"选项栏"及"属性"框设置实例属性，如图 7-46 所示。由于在"类型属性"中"网格 1""网格 2"中的布局为"固定数量"方式，故"属性"框"网格 1""网格 2"中的"编号"文本框被激活，输入数值"3"。

说明：玻璃斜窗的创建方法与玻璃幕墙的创建方法相似，可参看项目六。

创建玻璃斜窗屋顶时以网格线为定位线，因边界竖梃的厚度为 200mm，为保证边界竖梃顶面标高为"2 楼"（3.5m），需将网格线的标高设为自"2 楼"标高的"底部向下偏移 -100mm"。

3）单击"修改│创建屋顶迹线"上下文选项卡→"绘制"面板→"线"或"矩形"命令，按如图 7-47 所示位置绘制屋顶迹线，单击✔按钮完成草图编辑模式。切换到"立面：东"视图，可看到玻璃雨篷的顶标高为 3.500m，如图 7-48 所示；三维视图中效果如图 7-49 所示。

图 7-46

说明：绘制迹线时，可使用临时尺寸标注进行准确定位，也可设置参照平面。

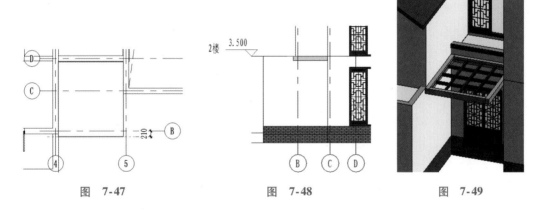

图 7-47　　　　　　图 7-48　　　　　　图 7-49

提醒：在 2 楼平面视图中，如果无法看到该玻璃雨篷，原因是默认的视图范围——视图深度不够；可通过调整"属性"框中的"视图范围"来实现玻璃雨篷在该楼层的可见及可选，如图 7-50 所示。

4）将文件保存为"别墅-玻璃斜窗"。

 7.3.2　编辑玻璃斜窗

切换到三维视图，选择刚创建完成的玻璃雨篷，激活"修改|屋顶"上下文选项卡，可对玻璃斜窗进行编辑修改，方法同任务 1、任务 2。

玻璃斜窗中竖梃及网格线的编辑方法与玻璃幕墙相同。

编辑玻璃斜窗

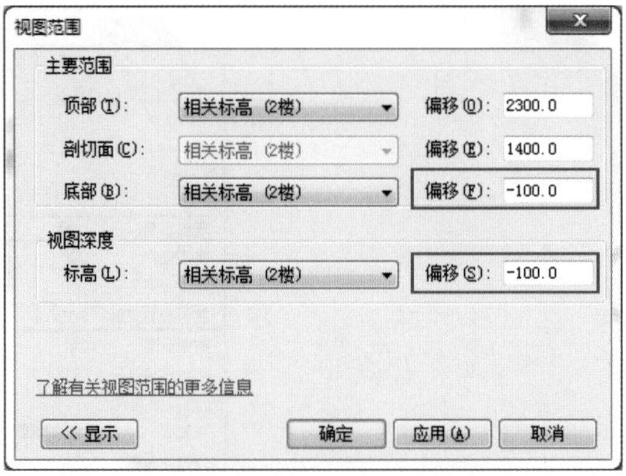

图 7-50

【任务小结】

本项目主要学习使用"迹线屋顶"命令创建"玻璃斜窗"屋顶，玻璃斜窗屋顶同样也可使用拉伸屋顶的方式来创建；玻璃斜窗中竖梃、网格线的编辑方法与玻璃幕墙相同。

【项目概述】

在 Revit 中提供了栏杆扶手、楼梯等工具，通过定义不同的楼梯类型参数、栏杆扶手，生成各种不同样式的楼梯、栏杆扶手。洞口工具可以剪切楼板、屋顶、天花板、墙体图元对象。本项目主要介绍 Revit 2018 常规扶手、楼梯、洞口的创建方法。

【项目目标】

1. 认识楼梯、栏杆扶手的基本组成和类型。
2. 熟练掌握创建楼梯、栏杆扶手的方法，设置类型属性和实例属性。
3. 了解各类洞口的创建方法，熟练使用"竖井洞口"命令。

任务1 创建与编辑楼梯

【任务描述】

使用 Revit 2018 创建某别墅楼梯，一层楼梯平面图如图 8-1a 所示，楼梯剖面如图 8-1b，楼梯整体材质为钢筋混凝土，踏步及踢面材质为地砖；梯段及平台结构厚度为 120mm。楼梯扶手类型为"中式扶手"。

【知识链接】

8.1.1 创建楼梯

创建楼梯

楼梯是在建筑物中作为楼层之间的垂直交通用的构件。楼梯主要由梯段（踢面、踏面、梯边梁）、栏杆扶手和中间休息平台组成。在软件中提供多种楼梯的绘制样式。如：直梯、螺旋梯段、U 形梯段、L 形梯段、自定义绘制的梯段。根据设计项目的要求，选择合适的楼梯样式，如图 8-2 所示。

创建流程：切换至楼层平面视图→单击"建筑"选项卡→"楼梯坡道"面板→"楼梯🪜"按钮→在"属性"框的"类型选择器"中选择楼梯类型→绘制楼梯→编辑楼梯。

1) 切换至"1 楼"平面视图，单击"建筑"选项卡→"楼梯坡道"面板→"楼梯🪜"按钮，激活"修改│创建楼梯"上下文选项卡，进入"绘制楼梯"模式。在"选项栏"中，定位线有 5 种设置方法：梯边梁外侧左、梯段左、梯段中心、梯段右、梯边梁外侧右；偏移参数

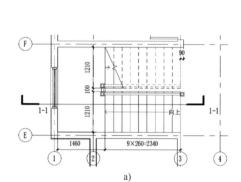

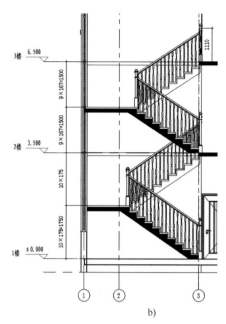

图　8-1

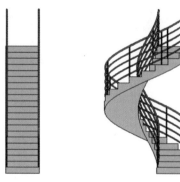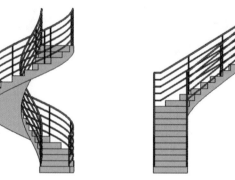

图　8-2

设置相对于定位线进行偏移，在"实际梯段宽度"栏中设置梯段宽度，如图8-3所示。

定位线：梯段：中心　　　　▼　偏移：0.0　　　　实际梯段宽度：1000.0　　　☑自动平台

图　8-3

2）属性设置

① 实例属性。在"属性"框的"类型选择器"中确定"楼梯类型"，楼梯类型有3种：现场浇筑楼梯、组合楼梯、预浇筑楼梯；根据"约束"设置楼梯底部标高和顶部标高，确定楼梯的高度。底部偏移和顶部偏移根据需求设置偏移的参数为正负值；"尺寸标注"确定所需踢面数和实际踏板深度（踏步宽度），软件根据"楼梯高度"和"所需踢面数"参数设置自动计算出楼梯的实际踢面高度，如图8-4所示。

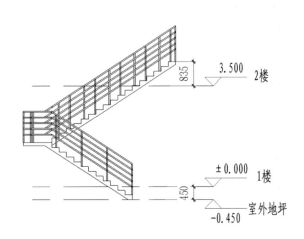

图　8-4

② 类型属性。单击"属性"框中的"编辑类型"按钮，在弹出的"类型属性"对话框中，主要设置最大踢面高度、最小踏板深度、最小梯段宽度、梯段类型、平台类型，如图8-5所示。当"属性"框中的所需踢面数和实际踏板深度参数值大于或者小于计算规则参数时，绘制梯段系统自动报错。

单击"类型参数"→"构造"→"梯段类型"参数的"整体梯段 ▣"按钮，在弹出的"类型属性"对话框中，主要设置结构深度、整体式材质、踏板材质、踢面材质、踏板、踢面、斜梯、踢面厚度，如图8-6所示。

单击如图8-5所示"类型属性"对话框中"类型参数"→"构造"→"梯段类型"参数中的"平台类型"，在弹出的"类型属性"对话框中，主要设置整体厚度、踏板材质、整体式材质、与梯段相同，如图8-7所示。当不勾选"与梯段相同"，可以自定义平台中的踏板厚度，如图8-8所示。

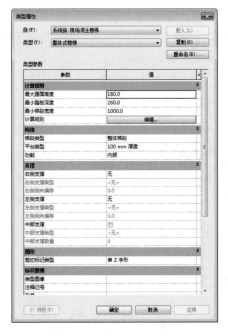

图　8-5

3）绘制楼梯。完成楼梯属性参数设置后，移动光标在平面视图中开始绘制，软件默认选择 ⊗梯段 ▥

"直梯"方式，单击鼠标捕捉平面上的一点作为楼梯起点，自左向右移动光标，当梯段草图下方的提示为"创建了 10 个踢面，剩余 10 个"时单击鼠标，完成第一个梯段的绘制，如图8-9a 所示；继续水平向右移动鼠标，当临时尺寸标注显示为"1200"时，单击鼠标，开始第二个梯段的绘制，如图8-9b 所示；继续水平向右移动鼠标，当提示"创建了 10 个踢面，剩余 0 个"时，单击鼠标完成第二个梯段的绘制，如图8-9c 所示。由于在绘制时，在选项栏中勾选了

"自动平台"，可以看到两个梯段之间自动生成了 1200mm 的休息平台。

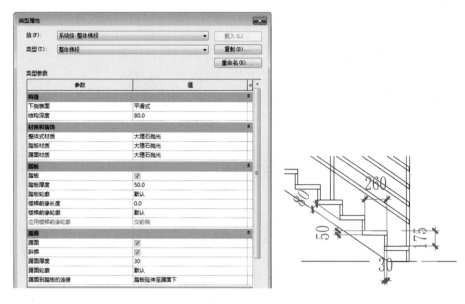

图　8-6

图　8-7　　　　　　　　　　　　　　　　图　8-8

4）选择楼梯栏杆扶手类型。创建楼梯时，栏杆（竖向构件）、扶手（横向构件）可自动生成，可单击"工具"面板→"栏杆扶手 "，弹出"栏杆扶手"对话框，在下拉列表中可以选择需要的类型，如图 8-10 所示。

单击 按钮，完成编辑模式。切换到南立面视图，效果如图 8-11 所示。

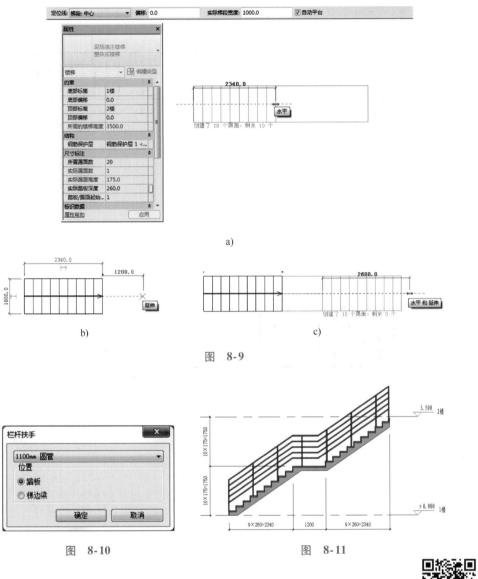

图　8-9

 8.1.2　编 辑 楼 梯

编辑楼梯

1）选择已创建的楼梯，自动激活"修改｜楼梯"上下文选项卡，单击"编辑"面板下的"编辑楼梯 🖎"按钮，激活"修改｜创建楼梯"选项卡，进入楼梯修改模式。单击梯段，在"属性"框中，可修改梯段参数，也可以通过梯段两侧箭头状操纵柄手动拉抻梯段，调整其宽度与踏步数，如图 8-12 所示。

2）单击选中梯段，单击"工具"面板下的"转换 🖿"按钮，激活"编辑草图 🖉"按钮，如图 8-13 所示；单击"编辑草图 🖉"按钮，进入"修改｜创建楼梯 > 绘制梯段"编辑模式，通过"绘制"面板中提供的"边界""踢面""楼梯路径"命令及绘制、修改工具可以修改梯段边界形状、踢面的轮廓等，如图 8-14 所示。

说明：在楼梯草图中，梯段边界线为绿色，踢面线为黑色。

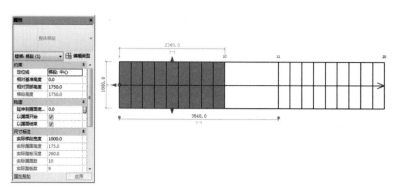

图 8-12

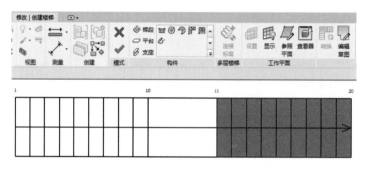

图 8-13

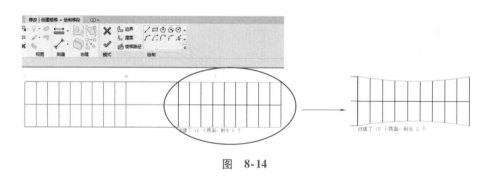

图 8-14

说明：栏杆扶手的创建与编辑详见本项目任务 2。

【任务实施】

建模流程：切换至楼层平面 1 楼→"建筑"选项卡→"楼梯坡道"面板→单击"楼梯"按钮→在"属性"框的"类型选择器"中选择楼梯类型→绘制楼梯→编辑楼梯。

建模过程：

打开上节保存的"别墅-玻璃斜窗.rvt"文件。

1. 绘制楼梯

绘制"1 楼"楼梯。

1）在项目浏览器中双击"楼层平面"下的"1 楼"楼层平面视图。

2）单击"建筑"选项卡→单击"楼梯坡道"面板中的"楼梯"命令，进入"绘制楼梯"

模式。在"选项栏"中设置定位线为"梯段：左"，实际梯段宽度1210，如图8-15所示。

图　8-15

3）在"属性"框的"类型选择器"中选择"现场浇注楼梯"→"整体式楼梯"；选择"底部标高"为"1楼"、"顶部标高"为"2楼"。修改"所需踢面数"为"20"、"实际踏板深度"为"260.0"，如图8-16所示。

4）单击"属性"框中"编辑类型"按钮→弹出"类型属性"对话框，按"复制"按钮，创建新的楼梯类型，命名为"钢筋混凝土"，修改下方类型参数：最小梯段宽度1100，如图8-17所示。修改"平台类型"为"120mm厚度"；设置"梯段类型"为"整体梯段"；单击"整体梯段"弹出如图8-18所示"类型属性"对话框，设置"结构深度"为"120.0"，修改"整体式材质"为"钢筋混凝土"，"踏板材质""踢面材质"均为"地砖"；勾选"踏板"选项，设置"踏板厚度"为50.0；勾选"踢面"选项，设置"踢面厚度"为30.0。设置"踢面到踏板的连接"方式为"踏板延伸至踢面下"。单击"确定"按钮退出各对话框。

图　8-16

图　8-17

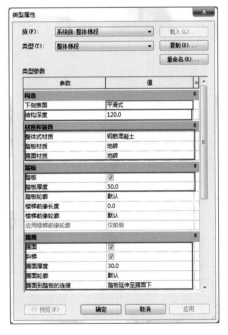

图　8-18

5）单击"修改 | 创建楼梯"选项卡→"构件"面板→"梯段"→"直梯▥"命令，移动光标捕捉③轴与Ⓔ轴墙体内墙面交点，单击鼠标沿墙体边缘从右往左绘制第一段10级踏步，如图8-19所示；向上移动光标，捕捉蓝色虚线（梯段对齐线）与Ⓕ轴内侧墙面交点，单击鼠标继续沿墙体边缘从左往右绘制第二段10级踏步，如图8-20所示；系统会自动创建中间休息平

台，单击选中休息平台，拖曳左侧箭头调整休息平台的宽度，使其左侧边与①轴内墙面对齐，如图 8-21 所示。

6）单击"工具"面板→"栏杆扶手"命令，选择扶手样式为"中式扶手-楼梯"，如图 8-22 所示。单击"模式"面板 ✔ 按钮，完成编辑模式，选择靠近墙体侧的栏杆扶手，删除。

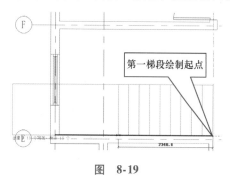

图　8-19

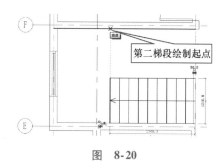

图　8-20

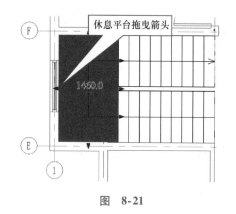

图　8-21

图　8-22

2. 绘制 2 楼楼梯

方法一：

按创建 1 楼楼梯同样方法。切换到"楼层平面：2 楼"视图。属性设置如图 8-23 所示，绘制 2 楼到 3 楼的楼梯。

方法二：

说明：以下创建楼梯的方法为 Revit 2018 版本的最新功能，适合创建多层楼梯，且能根据各层层高自动调整楼梯踏步数，同时也可单独编辑某层楼梯。

1）在"楼层平面：1 楼"视图中，单击选中楼梯，自动激活"修改│楼梯"上下文选项卡，单击"选择标高"按钮，如图 8-24 所示；弹出"转到视图"面板，选择"剖面 1-1"，单击"打开视图"按钮，如图 8-25 所示。

图　8-23

2）切换至"剖面：1-1"视图，自动激活"修改│多层楼梯"上下文选项卡，单击"多层楼梯"面板→"连接标高"命令，选择"3楼"标高线，如图 8-26 所示。单击 ✔ 完成编辑模式。系统自动按照 3 楼标高创建 2 楼 ~ 3 楼的楼梯，如图 8-27 所示。

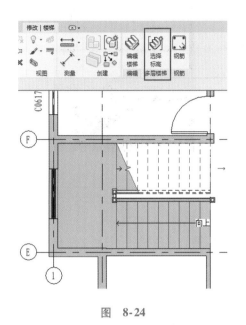

图　8-24

图　8-25

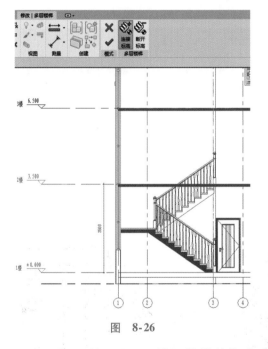

图　8-26

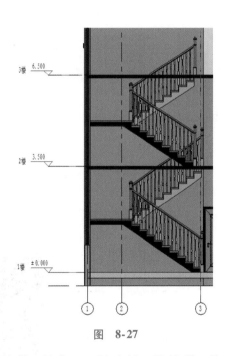

图　8-27

3）此时"1楼"和"2楼"楼梯转换成多层楼梯，按住 Tab 键选择 2 楼楼梯；单击"修改"面板→"移动"命令，选择 2 楼楼梯第一个踢面线端点，将其水平移动到③轴上，如图 8-28 所示；单击"修改│楼梯"选项卡→"编辑楼梯"按钮，选中休息平台，切换到"楼层平面：3 楼"视图，通过拖曳箭头将平台左侧边对齐到①轴墙内墙面，效果如图 8-29 所示。

注意：若不使用＜Tab＞键单击选择楼梯，将选择整个楼梯。

4）保存文件为"别墅-楼梯.rvt"。

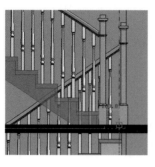

图 8-28

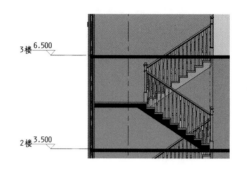

图 8-29

【任务小结】

本任务学习了楼梯的创建，楼梯由梯段（踏面、踢面、梯段梁）、平台、栏杆扶手组成，因此在楼梯的创建过程中，需要进行（类型、实例）属性设置的环节较多。要求学员在充分理解楼梯构成的基础上，熟练掌握楼梯的标高、梯段宽度、休息平台、所需踢面数、踢面、踏板参数设置。楼梯栏杆扶手的编辑见任务 2。

本任务还介绍了 Revit 2018 创建楼梯的最新功能，新功能可以更加快捷地创建多层楼梯。软件每次新版本的推出，其部分功能都有更新和优化，读者应不断探究学习，掌握新的建模方法。

任务2 创建与编辑栏杆扶手

【任务描述】

使用 Revit 2018 创建某别墅栏杆扶手。

栏杆扶手
的组成

1）创建 2 楼阳台栏杆扶手，样式为"圆形扶手-玻璃嵌板"，扶手顶面高度为 1050mm，如图 8-30 所示。

2）创建 2 楼室内⑤轴/Ⓔ轴到⑤轴/Ⓕ轴楼板边缘栏杆扶手，样式为"中式扶手顶层"，如图 8-31 所示。

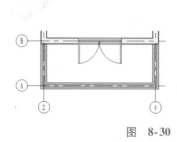

图 8-30

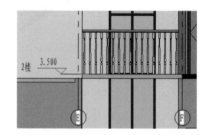

图 8-31

3）创建楼梯顶层扶手，样式为"中式扶手顶层"。

【知识链接】

栏杆扶手是建筑物中常见的构件，是由扶手和栏杆（嵌板）及端部、中间立柱组成，如

图 8-32 所示，扶手为横向构件，栏杆及立柱为竖向构件。

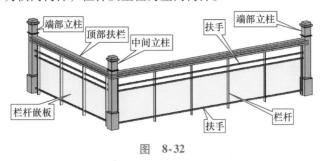

图　8-32

 8.2.1　创建栏杆扶手

Revit 2018 中栏杆扶手可以附着于楼梯、楼板、坡道、地形等主体图元上，如图 8-33 所示。

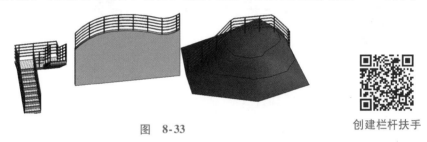

图　8-33

创建栏杆扶手

Revit 2018 中创建栏杆扶手前需要定义扶手类型和栏杆类型，除了样板中自带的几种扶手类型外，还可以自己定义扶手和栏杆轮廓族，并载入到项目中组成新的扶手类型。

栏杆扶手在创建楼梯、坡道时可以自动生成也可以单独创建。

示例：

1）绘制创建两跑直梯，将自动生成的栏杆扶手删除。

2）切换至楼层平面，单击"建筑"选项卡→"楼梯坡道"面板→单击"栏杆扶手[图标]"下拉列表→"[图标]绘制路径"/"[图标]放置在楼梯/坡道上"命令。

3）以"绘制路径"为例，调用"绘制路径"命令后，自动激活"修改|创建栏杆扶手路径"上下文选项卡，在"绘制"面板中选择绘制方式，如"直线"，在"选项栏"中设置"偏移值"等，在"属性"框中选择栏杆扶手类型，设置"底部标高""底部偏移""从路径偏移"等参数；移动光标在直梯中间绘制一条直线（栏杆扶手路径），如图 8-34 所示。单击[图标]按钮，完成草图编辑状态。

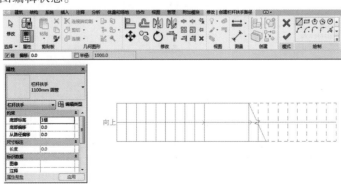

图　8-34

注意：绘制路径可以是封闭的也可以是开放的，但必须是连续的。

4）切换到三维视图，可以看到，创建的栏杆扶手并没有附着到楼梯上，如图 8-35 所示；单击选中栏杆扶手，激活"修改|栏杆扶手"选项卡，单击"工具面板"→"拾取新主体 $\square$ "按钮，移动光标单击拾取直梯，可以看到栏杆扶手附着到楼梯上，如图 8-36 所示。

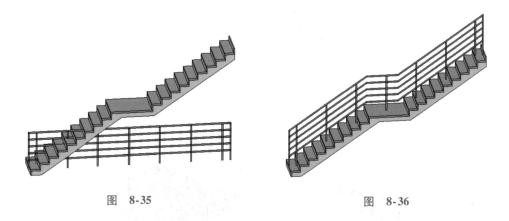

图　8-35　　　　　　　　　　　　　　　　图　8-36

 8.2.2　编辑栏杆扶手

选择栏杆扶手，在"属性"框的"类型选择器"中可以选择其他类型（若没有所需类型，可通过"载入族"的方式载入），单击"编辑类型"，在"类型属性"对话框中，设置栏杆构造、顶部扶栏等类型参数，如图 8-37 所示。

1）扶栏结构（非连续）：单击"编辑"按钮，弹出"编辑扶手（非连续）"对话框，如图 8-38 所示可以插入或者删除栏杆扶手，对于各扶手可设置其名称、高度、偏移、轮廓、材质，"轮廓"下拉菜单中若无需要的类型，可通过"载入族"命令载入。单击"确定"完成设置。

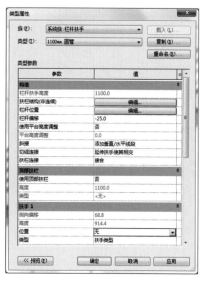

图　8-37　　　　　　　　　　　　　　　　图　8-38

2）扶栏位置：单击栏杆位置"编辑"按钮，弹出"编辑栏杆位置"对话框，如图 8-39 所示，可编辑栏杆族、底/顶部及其偏移等参数。

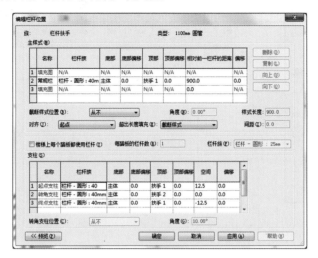

编辑栏杆扶手

图　8-39

3）栏杆偏移：设置栏杆距扶手绘制路径偏移值，通过正负值来调整偏移方向。图 8-40 所示为在扶手与绘制路径偏移-25mm 的情况下，栏杆偏移值为"－25"与"0"的效果比较。

说明：选择已创建的栏杆扶手，单击"翻转栏杆扶手方向↕"箭头控制，可翻转"扶手偏移""栏杆偏移"及属性框中的"从路径偏移"的方向。

图　8-40

【任务实施】

1. 绘制南立面阳台栏杆扶手

1）在项目浏览器中双击"楼层平面"下的"2 楼"楼层平面视图，调整"视图范围"，使一层墙体可见，局部放大显示南边阳台处，如图 8-41 所示。

2）单击"建筑"选项卡→"楼梯坡道"面板→"栏杆扶手"→"绘制路径"按钮，进

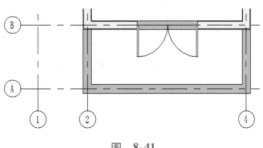

图　8-41

入绘制模式，在选项栏中勾选"链 ☑链 偏移: 0.0 　"，在"属性"栏中，选择栏杆扶手类型、设置"底部标高"等参数，如图 8-42 所示；单击绘制线按钮"▱"，沿着墙体轴线

绘制连续栏杆扶手路径，如图 8-43 所示。单击 ✔ 按钮，退出草图模式。

图 8-42

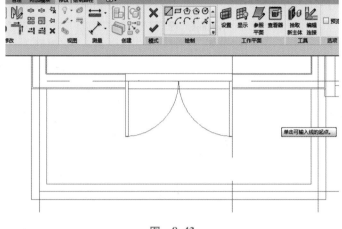

图 8-43

3）编辑栏杆扶手。选中创建的栏杆扶手，单击"属性"面板"编辑类型"按钮，弹出"类型属性"对话框，在"类型属性"对话框中，设置类型为"圆形扶手——玻璃嵌板"，顶部扶栏"高度"为 990mm（顶部扶栏的底面高度），由于顶部扶栏的截面高度为 60mm，则顶部扶栏的顶面高度为 1050mm（990mm + 60mm），如图 8-44 所示。

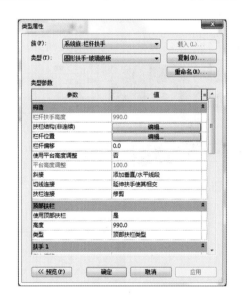

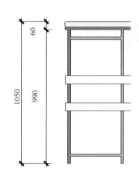

图 8-44

4）单击栏杆结构（非连续）"编辑"按钮，弹出"编辑扶手"对话框，设置扶栏高度、材质等参数，如图 8-45 所示，单击"确定"完成。

5）单击图 8-44 "类型属性"对话框→"栏杆位置"后的"编辑"按钮，弹出"编辑栏杆位置"对话框，在"主样式"栏中设置栏杆族、底部、底部偏移、顶部、相对前一栏杆的距离等参数，在"对齐"下拉列表中选择"中心"，其他选择默认设置，如图 8-46 所示；单击"确定"按钮退出各对话框，完成南阳台栏杆扶手的编辑。

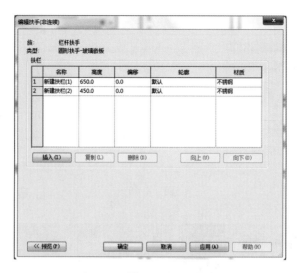

图　8-45

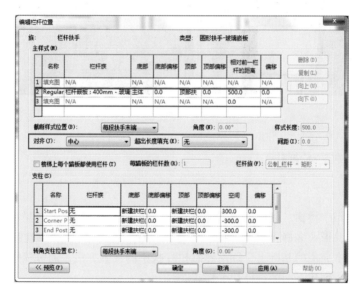

图　8-46

2. 创建 2 楼室内⑤轴/Ⓔ轴到⑤轴/Ⓕ轴楼板边缘栏杆扶手

切换到"楼层平面：2 楼"视图，单击"建筑"选项卡→"楼梯坡道"面板→"栏杆扶手"→"绘制路径"按钮，选项栏及属性框中参数设置，如图 8-47 所示，沿⑤轴线/Ⓔ轴到Ⓕ轴间绘制路径。单击✔完成创建。

3. 创建楼梯顶层扶手

同样方法，创建楼梯顶层扶手，如图 8-48 所示。效果如图 8-49 所示。

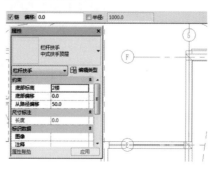

图　8-47

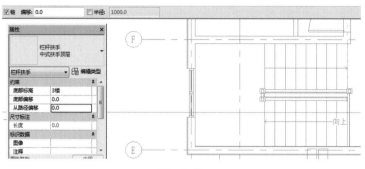

图　8-48

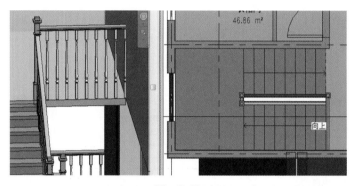

图　8-49

4. 保存文件

保存文件为"别墅-栏杆扶手.rvt"。

【任务小结】

栏杆扶手普遍用于楼梯、阳台、坡道等处，栏杆扶手由竖向构件——栏杆、横向构件——扶手、立柱等组成，形式多样，材质、构造丰富。Revit 中栏杆扶手的属性设置较为复杂，初学者可在掌握其基本应用的基础上，逐渐熟悉栏杆扶手的设置方法，通过参数设置和替换各种栏杆族、扶手轮廓，创建不同的栏杆扶手样式。

任务 3　创建洞口

【任务描述】

在任务 1 中创建的楼梯梯段被 2 楼、3 楼楼板隔开，如图 8-50a 所示。因此必须移除楼梯间处的 2 楼、3 楼楼板。本任务使用 Revit "洞口"命令给别墅楼梯间楼板开洞，如图 8-50b 所示。

【知识链接】

在图元中创建洞口时，除了墙、楼板部分构件可以通过"编辑边界"来绘 "洞口"命令

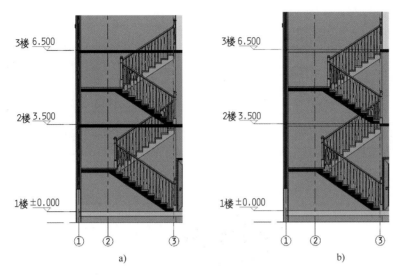

图　8-50

制洞口，Revit 还可使用专门的"洞口"命令在墙、楼板、天花板、屋顶、结构梁和结构柱上创建洞口。在"建筑"选项卡"洞口"面板中提供了 5 种洞口创建方式，如图 8-51 所示。

图　8-51

（1）面洞口　拾取屋顶、楼板或天花板的某一面，绘制形状，可以创建一个垂直于该面的洞口，如图 8-52 所示。

图　8-52

（2）竖井洞口　可以创建一个跨多个标高的垂直洞口，同时剪切贯穿其间的屋顶、楼板和天花板，创建的竖井洞口可以通过两端的"拉伸柄"来调整竖井长度，如图 8-53 所示。

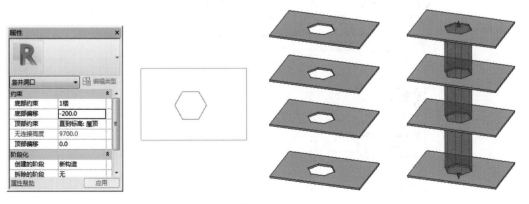

图　8-53

（3）墙洞口　选择墙体，绘制形状，可以在直墙或弯曲墙中剪切一个矩形洞口。可以通过"拉伸柄"控制洞口的大小，如图 8-54 所示。

（4）垂直洞口　拾取屋顶、楼板或天花板的某一面，可以创建垂直于某个标高的洞口，如图 8-55 所示。

（5）老虎窗　可以剪切屋顶，以便为老虎窗创建洞口，可以在屋顶上进行垂直和水平剪切。详见本任务【知识加油站】。

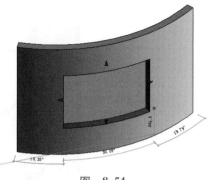

图　8-54

图　8-55

【任务实施】

建模流程："建筑" 选项卡→"洞口" 面板→单击"竖井洞口" 按钮→绘制洞口轮廓。

建模过程：

1）在项目浏览器中双击"楼层平面"下的"2 楼"楼层平面视图，打开"楼层平面：2 楼"视图。

2）"视图样式"切换至"线框"模式，单击"建筑"选项卡→"洞口"面板→"竖井洞口"按钮，进入绘制洞口轮廓草图模式，在"属性"框参数设置如图 8-56 所示，绘制封闭洞口轮廓草图，单击"✔完成编辑模式"按钮。至此完成楼梯竖井洞口创建，完成楼梯间处 2 楼、3 楼楼板的剪切，如图 8-57 所示。

3）保存文件为"别墅-栏杆 扶手 洞口 . rvt"。

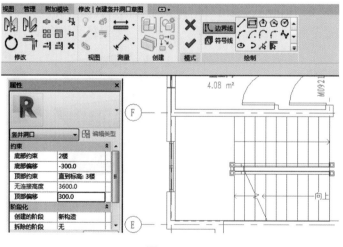

图　8-56

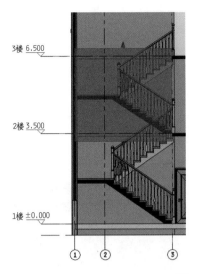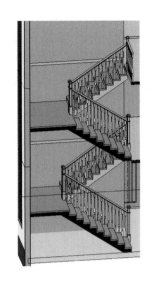

图　8-57

【任务小结】

本任务了解了 Revit 中的各种"洞口"命令，使用"竖井洞口"命令给楼梯间等处楼板剪切洞口。有兴趣学习创建老虎窗洞口的读者可以参看随后的【知识加油站】。

【知识加油站】　创建"老虎窗"洞口

"老虎窗"洞口只用于屋顶，通过拾取两屋顶交线与墙体边界范围剪切屋顶，从而创建老虎窗。

示例：

1）切换到"楼层平面：屋顶"平面视图。调整"视图范围"或将屋顶临时隐藏，使得 3 楼墙体可见，创建老虎窗所需墙体，设置其墙体的属性，如图 8-58 所示。

2）创建双坡老虎窗屋顶，屋顶迹线偏移墙体外表面 100mm，如图 8-59 所示。

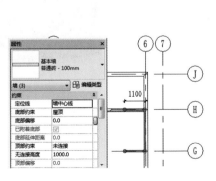

图　8-58　　　　　　　　图　8-59

3）将墙体与主屋顶及老虎窗屋顶分别进行底部/顶部附着处理。切换至三维视图模式，选取 3 面墙体，自动切换至"修改"选项卡，单击"附着/顶部/底部"按钮，勾选选项栏"附着墙"后的"顶部" 修改 | 墙 　附着墙:◉顶部 ◎底部 ，单击拾取老虎窗屋顶。勾选选项栏"附着墙"后的"底部" 修改 | 墙 　附着墙:◎顶部 ◉底部 ，单击拾取主屋顶。

4）将老虎窗屋顶与主屋顶进行"连接屋顶"处理。单击"修改"选项卡→"几何图形"面板→"连接/取消连接屋顶 📐"按钮，单击选择老虎窗屋顶要连接的一个边线，再选择主屋顶与老虎窗屋顶的连接面，如图 8-60 所示，效果如图 8-61 所示。

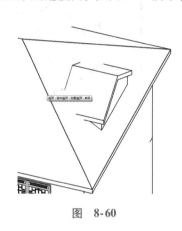

图 8-60

图 8-61

5）开老虎窗洞口。切换至"楼层平面：屋顶"视图，"视觉样式"选择"线框"模式。单击"建筑"选项卡→"洞口面板"→"老虎窗"命令，先拾取主屋顶与老虎窗屋顶，其次拾取老虎窗墙体内部边线，如图 8-62 所示。利用"修改"面板→"修剪 ➡"命令，修剪边界草图，单击"模式"面板"✔"完成主屋顶"老虎窗开洞"；在老虎窗端面墙体中插入窗户，效果如图 8-63 所示。

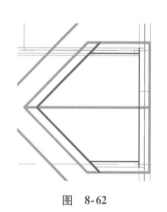

图 8-62

图 8-63

6）保存文件为"别墅-栏杆 扶手 洞口 老虎窗 . rvt"。

【项目概述】

本项目主要介绍 Revit 2018 利用"楼板边"命令创建室外台阶以及坡道的方法。

Revit 中没有专用的"台阶"命令，但是 Revit 提供了基于主体的放样构件，用于沿所选择的主体或其边缘按指定轮廓放样生成实体。

Revit 中提供了坡道工具，可以为项目添加坡道。坡道工具的使用与楼梯类似，有了前面绘制楼梯的基础，可以轻松创建坡道构件。

【项目目标】

1. 熟练调用"楼板边"命令来创建室外台阶，设置类型属性和实例属性。
2. 熟练调用"坡道"命令来创建坡道，设置类型属性和实例属性，了解坡道的表达方式。

任务　创建室外台阶、坡道

【任务描述】

使用 Revit 2018 创建某别墅室外台阶、坡道。

创建室外台阶

1) 南立面④~⑤轴室外平台与台阶。如图 9-1a、b 所示，材质为卵石，室外平台楼板类型为"常规 - 450mm"。

2) 南立面坡道。如图 9-1a 所示，顶部标高为 1 楼，宽度为 900mm，坡度为 1:10，材质为卵石；栏杆扶手类型为"圆形扶手-玻璃嵌板"，栏杆扶手高度为 1050mm。

3) 北立面室外台阶。如图 9-2 所示，室外楼板类型为"常规 - 450mm"。

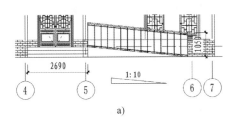

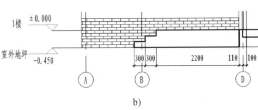

a)   b)

图 9-1

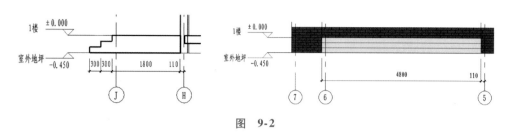

图 9-2

【知识链接】

9.1.1 创建室外台阶

单击"建筑"选项卡→"构建"面板→"楼板"下拉列表→"楼板边 ⬚"命令。移动光标到楼板的水平边缘，待其高亮显示，然后单击即可放置楼板边缘形状，生成"台阶"，如图 9-3 所示。如果楼板边的线段在角部相遇，它们会相互斜接。也可通过"载入族"的方式载入所需的"楼板边缘族"。

9.1.2 创建坡道

此节将讲述使用与绘制楼梯所用的相同工具和程序来绘制坡道。可以在平面视图或三维视图绘制一段坡道或绘制边界线和踢面线来创建坡道。与楼梯类似，可以定义直梯段、L 形梯段、U 形坡道和螺旋坡道。还可以通过修改草图来更改坡道的外边界。

单击"建筑"选项卡→"楼梯坡道"面板→"坡道 ⬚"命令，在弹出的"修改|创建坡道草图"上下文选项卡中，可以和楼梯一样，通过"梯段""边界"和"踢面"三种方式来创建坡道，如图 9-4 所示。

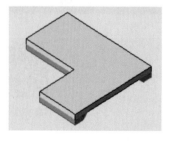

图 9-3

图 9-4

（1）实例属性 在"属性"对话框中，可设置坡道的"底部/顶部标高与偏移"以及坡道的宽度，如图 9-5 所示。坡道的起始楼层和结束楼层必须位于不同的标高上，坡道基准（底部标高 + 底部偏移）必须低于其顶部（顶部标高 + 顶部偏移）。

（2）类型属性 单击"属性"框中"编辑类型"按钮，弹出"类型属性"对话框，如图 9-6 所示。

1）厚度：厚度只有在"造型"为"结构板"时才能亮显并进行参数设置，如果为实体，则呈灰显。

2）最大斜坡长度：决定创建坡道时可以创建的单一梯段的最长长度，当坡道达到最长长度仍未到设置的标高时，必须将坡道拆分成多个梯段创建坡道。

3）坡道最大坡度（1/x）：设置坡道的最大坡度。

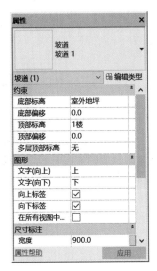

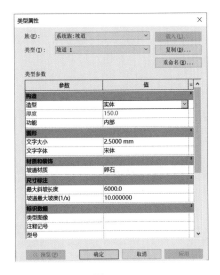

图 9-5　　　　　　　　　　　　　　　图 9-6

【任务实施】

建模思路：进入楼层平面→绘制楼板→运用"楼板：楼板边"工具绘制室外台阶→运用"楼梯坡道"面板中的"坡道"命令绘制坡道。

建模过程：

打开项目八中保存的文件"别墅-栏杆扶手洞口.rvt"。

创建坡道

1. 创建台阶

1）在项目浏览器中双击"楼层平面"项下的"室外地坪"，打开"楼层平面：室外地坪"平面视图。

2）绘制南面主入口处的室外平台。单击"建筑"选项卡→"构建"面板→"楼板"命令，在"属性"栏中，选择楼板类型为"常规 – 450mm"，设置"自标高的高度偏移"为"450"，用"直线"命令绘制楼板轮廓线，尺寸如图 9-7 所示，楼板边界与外墙外面层平齐。单击"完成编辑"，完成室外平台绘制。

3）添加台阶。单击"建筑"选项卡→"楼板"命令下拉菜单→"楼板：楼板边　"命令，从类型选择器中选择"楼板边缘-3 级台阶"类型。

4）移动光标到上述所绘制楼板的外侧上边缘处，待其高亮显示时单击鼠标，即可生成 3 级台阶，如图 9-8 所示。

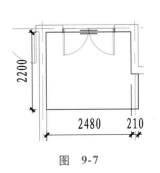

图 9-7

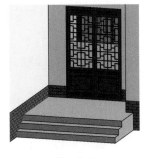

图 9-8

5）类似方法，创建北面的入口平台和台阶。先调用"楼板"命令，创建入口处平台，平台顶面高度为±0.000，楼板类型为"常规－450mm"，楼板边界均与相邻的外墙面层对齐，如图9-9所示。平台创建完成后，采用"楼板：楼板边"命令放置3级台阶，结果如图9-10所示。

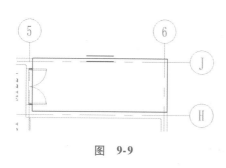

图 9-9

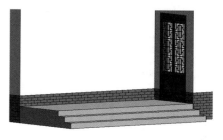

图 9-10

2. 创建坡道

1）打开"楼层平面：室外地坪"平面视图，单击"建筑"选项卡→"楼梯坡道"面板→"坡道◇"命令，自动激活"修改|创建坡道草图"上下文选项卡。

2）在"属性"框中，设置参数"底部标高"为"室外地坪"，"顶部标高"为"1楼"，"底部偏移"和"顶部偏移"均为"0"，"宽度"为"900"。

3）单击"编辑类型"按钮，打开坡道"类型属性"对话框，如图9-11所示，设置参数"最大斜坡长度"为"6000.0"，"坡道最大坡度（1/x）"为"10.000000"，"造型"为"实体"，设置"坡道材质"为"卵石"。设置完成后单击"确定"按钮，关闭对话框。

4）单击"工具"面板→"栏杆扶手▦"命令，弹出如图9-12所示的"栏杆扶手"对话框，在下拉菜单中选择"圆形扶手-玻璃嵌板"，单击"确定"按钮。

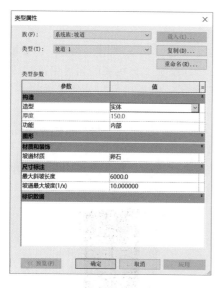

图 9-11

图 9-12

5）单击"绘制"面板→"梯段▦"→"直线☑"命令，移动光标到绘图区域中，从右向左拖曳光标绘制坡道梯段，如图9-13所示，框选所有草图线，利用"修改"面板中的"移动✛"

命令捕捉坡道左侧边界线中点，并将其移动至室外楼板右侧边界线中点。单击"完成坡道"命令，创建的坡道如图 9-14 所示。

说明：绘制时，也可捕捉室外楼板右侧边界线中点，从左向右绘制，完成创建后，选中坡道，然后单击箭头，即可翻转坡道方向。

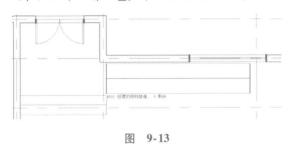

图 9-13

图 9-14

6）保存文件名为"别墅-台阶坡道.rvt"。

【任务小结】

本节学习了创建台阶和坡道的方法。台阶通过楼板边缘工具给楼板边添加轮廓形状，需要注意的是，本任务中添加的轮廓形状（3 级台阶）是项目中已经创建好的轮廓族。坡道和楼梯的绘制方法类似，可通过绘制梯段方式生成楼梯或坡道图元。

创建柱和梁

【项目概述】

本项目主要学习如何创建和编辑柱（建筑柱、结构柱）和梁，了解建筑柱和结构柱的应用方法和区别。

【项目目标】

1. 了解建筑柱和结构柱的应用方法和区别。
2. 掌握创建柱、梁的方法，熟练选择柱的类型及设置其属性。

任务 创建柱和梁

【任务描述】

创建别墅项目中的钢筋混凝土柱和梁，平面位置及梁截面如图 10-1 所示，梁的顶面标高为"2 楼" 3.500m；柱截面尺寸均为 240mm × 240mm，柱的底部标高为"室外地坪" -4.500m、顶部标高为"2 楼" 3.500m。

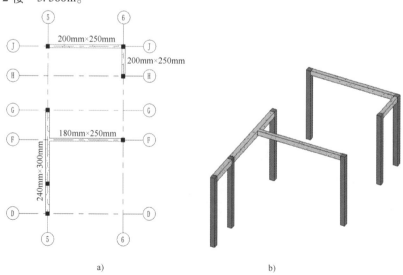

a)   b)

图 10-1

【知识链接】

 10.1.1　柱的创建

1. 概述：建筑柱与结构柱

在建筑工程中，柱是用来支撑上部结构并将荷载传至基础的竖向受力构件。在 Revit 中，有建筑柱和结构柱之分。尽管建筑柱和结构柱有许多相同属性，但两者还各自有其独特的属性和行为，如图 10-2 所示。

1）建筑柱（概念柱）：通常放置在墙体上诠释其成品形状，可以自动继承其连接到的墙体等其他构件的材质，使其材质保持一致。

2）结构柱（承重柱）：相比于建筑柱，结构柱只能采用指定的结构材料（如混凝土），当与墙体所用材料不一致时，无法采取墙体的饰面层处理，同时，梁、支撑、基础等可添加到结构柱上，而非建筑柱上。另外，结构柱有分析模型，具有根据其外观和行业标准定义的特有属性。

结构柱还有一些区别于建筑柱的特性：

① 可以是竖直的，也可以是倾斜的。

② 混凝土结构柱里可以放置钢筋等。

③ 结构柱可以安放在建筑柱里。

柱的创建

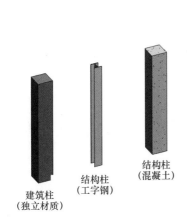
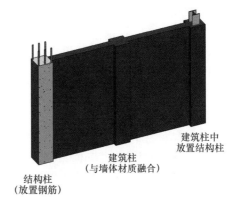

建筑柱
（独立材质）

结构柱
（工字钢）

结构柱
（混凝土）

结构柱
（放置钢筋）

建筑柱
（与墙体材质融合）

建筑柱中
放置结构柱

图　10-2

2. 建筑柱的创建

1）单击"建筑"选项卡→"构建"面板→"柱"下拉列表→"建筑柱"命令

2）在"属性"框的"类型选择器"中选择合适尺寸、规格的建筑柱类型，如没有，则可单击"编辑属性"按钮→在"类型属性"对话框中，单击"复制"按钮，创建新的柱的类型，修改柱的尺寸规格，修改长、宽度尺寸参数。

3）如没有需要的柱子类型，可通过"载入族"按钮打开相应族库载入族文件。

4）在"选项"栏 修改 | 放置 柱　□放置后旋转　高度：　2楼　▼　3562.9　☑房间边界 中设置柱子的高度尺寸（深度/高度，标高/未连接），如勾选"放置后旋转"则放置柱子后直接旋转放置柱子。

5）单击插入点插入柱子。

3. 结构柱的创建

1）单击"建筑"选项卡→"构建"面板→"柱"下拉列表→"结构柱"命令；或单击"结构"选项卡→"结构"面板→"柱"命令。

2）在"属性"框的"类型选择器"中选择合适尺寸、规格的结构柱类型，如没有，则可单击"编辑属性"按钮→在"类型属性"对话框中，单击"复制"按钮，创建新的柱的类型，修改柱的尺寸规格，修改长、宽度尺寸参数。

3）如没有需要的柱子类型，可通过"载入族"按钮打开相应族库载入族文件。

4）在"选项"栏  修改 | 放置 结构柱 □放置后旋转 高度：▼ 2楼 ▼ 4000.0 中设置柱子的高度尺寸（深度/高度、标高/未连接），如勾选"放置后旋转"则放置柱子后直接旋转放置柱子。

5）在激活的"修改|放置结构柱"上下文选项卡中出现"放置""多个""标记"面板，如图 10-3 所示。

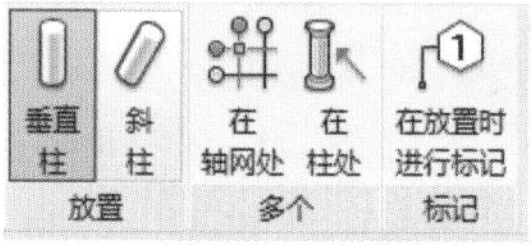

①"放置"面板中有创建"垂直柱""斜柱"命令，工程中一般为垂直柱，若创建斜柱，则需要在选项栏中设置两次单击的高度位置，如图 10-4 所示。在"属性"框中，还可设置底部/顶部截面样式，如图 10-5 所示。

图 10-3

图 10-4

图 10-5

②"多个"面板：可以绘制多个结构柱。单击"在轴网处"命令，从右下向左上交叉框选轴网，出现 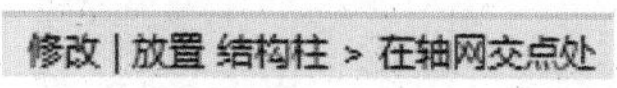 修改 | 放置 结构柱 > 在轴网交点处 上下文选项卡。在框选中的轴网交点处自动放置结构柱，单击"完成"按钮。

4. 建筑柱与结构柱的编辑

建筑柱与结构柱的编辑方式基本相同。柱的实例属性可以调整柱子基准，顶标高，顶、底部偏移，是否随轴网移动，此柱是否设为房间边界，如图 10-6 所示。单击"编辑类型"按钮，在弹出的"类型属性"对话框中可设置建筑柱或结构柱的类型属性。

 10.1.2　梁的创建

在 Revit 中，梁的创建主要分为"梁"创建和"梁系统"创建。本书主要介绍通过"梁"工具创建常规梁。

1. 常规梁的创建

1）单击"结构"选项卡→"结构"面板→"梁 🪵"命令，从类型选择器的下拉列表中选择需要的梁类型，如没有，则需通过"载入族"方式从族库中载入。

2）如图 10-7 所示，在选项栏上选择梁的"放置平面"，从"结构用途"下拉列表中选择梁的结构用途或让其处于"自动"状态，结构用途参数可以包括在结构框架明细表中，这样用户便可以计算大梁、托梁、檩条和水平支撑的数量。使用"三维捕捉"选项，通过捕捉任何视图中的其他结构图元，可以创建新梁。

3）创建单个梁：单击起点和终点进行创建。当绘制梁时，鼠标会捕捉其他结构构件。

梁的创建

图　10-6

4）创建梁链：要绘制多段连续的梁，可勾选选项栏中的"链"复选框，即上一个框架梁的终点是下一个框架梁的起点，如图10-7所示。

图　10-7

5）也可使用"多个"面板中的"在轴网上"命令，拾取轴网线或框选、交叉框选轴网线，单击"完成"按钮，系统自动在柱、结构墙和其他梁之间放置梁。

2. 梁的编辑

选择已创建梁，自动激活上下文选项卡"修改│结构框架"，通过各面板上的相关命令可对梁进行编辑。在已选梁的端点位置会出现操纵柄，用鼠标单击拖曳可以调整其端点位置。在"属性"框及"类型属性"对话框中可以修改其实例属性和类型属性。

【任务实施】

1）打开上节保存的"别墅-台阶坡道 . rvt"文件，在项目浏览器中双击"楼层平面"项下的"室外地坪"，打开"楼层平面：室外地坪"视图。

2）单击"建筑"选项卡→"构建"面板→"柱"命令下拉菜单→选择"柱：建筑柱"，在类型选择器中选择或创建类型"矩形柱240×240mm"，在"选项栏"（深度/高度、标高/未连接）中设置柱子的高度尺寸，设置为"高度""2楼"。在⑤轴与Ⓓ、Ⓔ、Ⓖ、Ⓙ轴交点上单击放置柱；同样地，在⑥轴与Ⓕ、Ⓗ、Ⓙ轴交点上单击放置柱。如图10-8所示。

3）调用"修改"面板中的"对齐"命令将如图10-9a所示Ⓙ轴

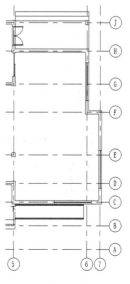

图　10-8

与⑤、⑥轴交点及⑥轴与Ⓕ、Ⓗ上的柱外侧与外墙外侧对齐，结果如图10-9b所示。

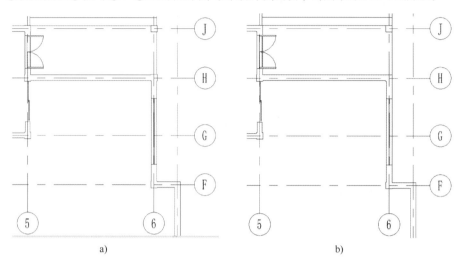

图　10-9

4）通过"过滤器"选择全部柱，观察"属性"框中柱的属性，如图10-10所示。

5）单击"结构"选项卡→"结构"面板→"梁⬦"命令，从类型选择器的下拉列表中选择或创建梁类型："混凝土-矩形梁200mm×300mm"，在"选项栏"上选择梁的"放置平面"为"标高：2楼"，从"结构用途"下拉列表中让其处于"自动"状态。

6）在"绘制"面板上选择"线"命令，在"标记"面板中选择"在放置时进行标记"⬦按钮，光标移动到绘图区，捕捉⑤～Ⓓ轴的交点，单击作为起点，向上绘制梁，捕捉⑤～Ⓖ轴的交点作为终点，单击完成该梁的创建。如图10-11所示。

同样方法，按图10-1中要求，分别选择"混凝土-矩形梁200mm×250mm""混凝土-矩形梁180mm×250mm"绘制Ⓙ轴、⑥轴及Ⓕ轴上的混凝土梁。

7）选择创建的梁，观察"属性"框中梁的实例属性，如图10-12所示。

图　10-10

图　10-11

图　10-12

8）完成别墅柱、梁的创建，保存为"别墅-柱和梁.rvt"文件。

【任务小结】

本任务通过别墅项目中柱、梁的创建，了解建筑柱及结构柱的用途与区别，熟练掌握柱、梁的创建方法及其实例属性、类型属性的设置。

族的基本知识与简单构件族的创建

【项目概述】

族是 Revit 软件中一个非常重要的构成要素。在项目设计开发过程中用于组成建筑模型的构件，例如基础、柱和梁、门和窗，以及详图、注释和标题栏等都是利用族工具创建的，因此熟练掌握族的概念、用法及创建是有效运用 Revit 软件的关键。本项目介绍建筑构件族的相关内容，包括族的基本知识、可载入族及内建族的创建。

【项目目标】

1. 了解族的基本知识。
2. 能创建简单可载入族和内建族（内建模型）。

族简介

任务1 创建可载入族

【任务描述】

创建可载入族——"散水 . rfa"，并载入到别墅项目中，创建别墅室外散水，其截面轮廓如图 11-1 所示。

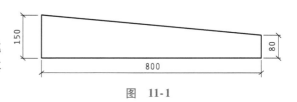

图 11-1

【知识链接】

所有添加到 Revit 项目中的图元（包括构成模型的结构构件、墙、屋顶、墙、门窗到注释索引、标记等）都是使用族创建的。族是一个包含图形和相关参数信息（通用属性）的图元族。一个族中属性的设置（其名称与含义）是相同的，但各个属性对应的数值可能有不同的值，族中的这些变体称为族类型或类型。例如"推拉窗"作为一个族可以有不同的尺寸和材质。

1. 族的种类

Revit 包含系统族、可载入族和内建族三种族。

（1）系统族　系统族是已经在项目中预定义并只能在项目中进行创建和修改的族类型，如墙、楼板、轴线、标高等。它们不能作为外部文件载入或创建，但可以在项目和样板之间复制、粘贴或者传递系统族类型。

（2）可载入族　可载入族是使用族样板在项目外创建的 rfa 文件，可以载入到任何项目文件中，具有属性可定义的特征，因此可载入族是用户最经常创建和修改的族。可载入族包括在建筑内和建筑周围安装的建筑构件，例如窗、门、家具和植物等。

（3）内建族 内建族是在当前项目中新建的族，与可载入族的不同在于，内建族只能保存在当前的项目文件中，不能保存为单独的 rfa 文件并载入到其他的项目文件中。内建族可用于项目中独特造型及零星构件的创建，如项目中特有的非标准化的构件、装饰构件等。

2. 族相关的基本术语

（1）类别 类别是以建筑构件性质为基础，对建筑模型进行归类的一组图元。如族类别有门、窗、柱、栏杆等。

（2）类型 族可以有多个类型。类型用于表示同一族的不同参数（属性）值。如某个"双扇平开门.rfa"族中包含的类型有："1400mm×2100mm""1500mm×2100mm""1600mm×2100mm"以表示不同的"宽×高"的尺寸。

（3）实例 是指放置在项目中的实际项（单个图元）。

Revit 中类别、族和类型三者之间的关系见表 11-1 示例。

表 11-1

类 别	族	类 型
门	双扇平开门	双扇平开门 1400mm×2100mm
		双扇平开门 1500mm×2100mm
	单扇门	单扇门 750mm×1800mm
		单扇门 800mm×2000mm

【任务实施】

1）选择样板文件。单击 Autodesk Revit 2018 界面左上角的"应用程序菜单"中 "文件"按钮→"新建"→"族"，如图 11-2 所示，在弹出的"新族-选择样板文件"对话框中选择"公制轮廓"，如图 11-3 所示，单击"打开"按钮。

图 11-2

图 11-3

2）如图 11-4 所示，在打开的族样板文件中，放样的插入点位于垂直、水平参照平面的交点。

3）绘制轮廓线。单击"创建"选项卡→"详图"面板→"线"命令，如图 11-5a 所示；单击"修改|放置 线"上下文选项卡→"绘制"面板→命令，如图 11-5b 所示；按照图 11-1

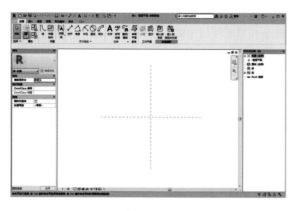

图　11-4

中图形尺寸要求绘制图形，并将图形 150mm 垂直边、800mm 水平边分别与垂直参照平面、水平参照平面对齐锁定，如图 11-6 所示。

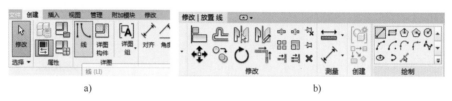

a)　　　　　　　　　　　　　　　b)

图　11-5

4）添加尺寸标签。单击"创建"选项卡→"尺寸标注"面板"对齐"命令，标注散水轮廓宽度，如图 11-7 所示，按 < Esc > 键两次退出"修改 | 放置尺寸标注"。

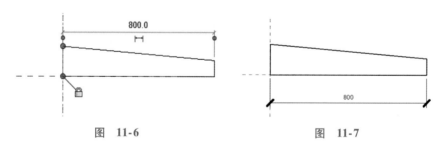

图　11-6　　　　　　　　　　图　11-7

单击选中尺寸标注，在"修改 | 尺寸标注"上下文选项卡中→"标签尺寸标注"面板→单击"创建参数"按钮，弹出"参数属性"对话框，如图 11-8 所示，在"名称"栏中输入"宽度"，其他项设置如图中所示，单击"确定"按钮，结果如图 11-9 所示。

5）族类型参数测试。单击"创建"上下文选项卡→"属性"面板→"族类型"命令，弹出"族类型"对话框，在参数项中显示上一步添加的尺寸标注参数"宽度"，其值为"800.0"，如图 11-10 所示。

将"值"栏中"800.0"改为"1000.0"，如图 11-11a；单击"确定"按钮，观察绘图区中散水图形宽度的变化，如图 11-11b 所示。

6）保存族文件并载入到项目中。将创建好的族另存为"散水 . rfa"，单击"族编辑器"面板中"载入到项目中"命令，将创建好的散水轮廓载入到已打开的"别墅"项目文件中。

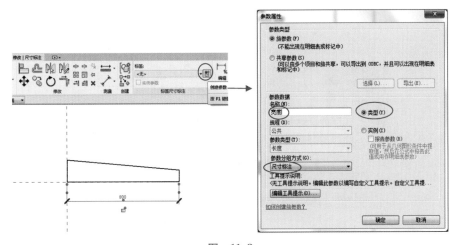

图 11-8

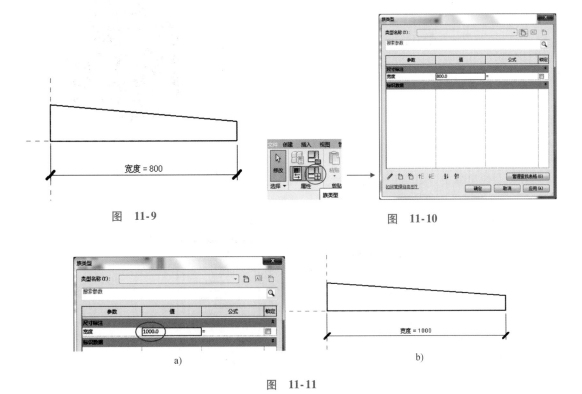

图 11-9　　　　　　　　　　　图 11-10

图 11-11

7）创建散水。在"别墅"项目界面中将视图切换到三维视图，单击"建筑"选项卡→"构建"面板→"墙"命令下拉菜单→"墙：饰条"命令，单击"属性"对话框→"编辑类型"，弹出"类型属性"对话框，如图 11-12 所示。

在"类型属性"对话框中，单击"复制"，在弹出的"名称"对话框中将"名称"修改为"散水"，单击"确定"。在"类型参数"→"构造"栏中，单击"轮廓"下拉列表，选择刚刚载入的"散水"，在"材质"栏中将材质修改为"混凝土-沙/水泥找平"，如图 11-13 所示。单击"确定"按钮。

将鼠标依次拾取别墅外墙底部以创建散水，效果如图 11-14 所示。

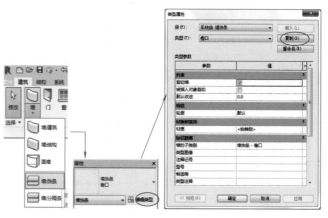

图　11-12

图　11-13　　　　　　　　　　　　　　　图　11-14

　　在项目浏览器中，如图 11-15a 所示，选择"族"前面的⊞号→"轮廓"前的⊞号→双击"散水"，弹出"类型属性"对话框，将"尺寸标注"栏中的"宽度"值更改为"800"，如图 11-15b 所示，观察创建的散水效果，保存为"别墅-创建散水 . rvt"。

a)

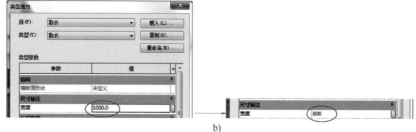

b)

图　11-15

【任务小结】

可载入族用于创建建筑构件和一些注释图元的族，是 Revit 中使用最常见的族。构件族包括建筑内外安装的建筑构件，如门、窗、家具、植物等，注释图元如符号和标题栏。可载入族具有高度可定义的特征。通过完成本任务仅能基本了解可载入族的创建方法，更多有关可载入族的创建方法有待以后进一步的学习。

任务2　创建内建族、模型文字

【任务描述】

创建别墅南立面外墙上建筑标识"中式别墅"，如图 11-16 所示。

创建模型文字

图　11-16

【知识链接】

11.2.1　内建族的创建与修改

内建族可用于项目中独特造型及零星构件的创建，如项目中特有的非标准化的构件、装饰构件等。与系统族和可载入族不同，不能通过复制内建族类型来创建多种类型。需要注意的是，仅在必要时才使用内建族，如果项目中有许多内建族图元，将会增加项目文件的大小并使软件性能降低。

1. 工作平面

Revit 中的每个视图都与工作平面相关联，所有的实体都在某一个工作平面上。在大多数视图中（如平面视图、三维视图以及族编辑器中视图），工作平面是自动设置的。执行某些绘图操作以及在特殊视图中启用某些工具（如在三维视图中启用"旋转"和"镜像"）时，必须使用工作平面。正确设置工作平面，是创建内建模型的基础。

（1）工作平面的设置　单击"建筑"选项卡→"工作平面"面板→▦"设置"按钮，打开"工作平面"对话框，如图 11-17 所示。

可以通过以下方法来指定工作平面：

1）单击"名称"，在下拉列表中选择某个标高、轴网或已经命名的参照平面的名称。

2）拾取一个平面。可以是一个参照平面，也可以是实体上的任意一个表面。

3）拾取任意一条线并将这条线的所在平面设为当前工作平面。

（2）工作平面的显示与查看　工作平面默认是隐藏的。单击"建筑"选项卡→"工作平面"面板→" 显示"按钮，可显示或隐藏当前工作平面。如图 11-18 所示为显示的工作平面。

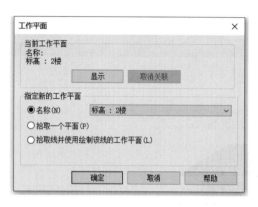

图　11-17　　　　　　　　　　　　　　　图　11-18

单击"建筑"选项卡→"工作平面"面板→" 查看器"，在弹出的"工作平面查看器"中也会显示当前工作平面。

2. 内建族（内建模型）的创建

如图 11-19 所示，单击"建筑"选项卡→"构建"面板→"构件"下拉列表→"内建模型"按钮，在弹出的"族类别和族参数"对话框中，如图 11-20 所示，选择图元的类别，然后单击"确定"，在弹出的"名称"对话框中输入名称，单击"确定"，软件打开族编辑器，功能区界面如图 11-21 所示。

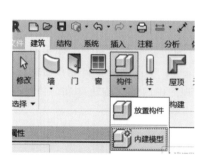

图　11-19

图　11-20

图　11-21

在"族编辑器"中，单击"创建"选项卡→"属性"面板中![]按钮，在弹出的"族类型和族参数"对话框中，如图11-22所示，可修改内建模型的族类别，如将"专用设备"可修改为"常规模型"。不同的族类别，其族参数也会不同。

单击"属性"面板中![]按钮，在弹出的"族类型"对话框中，如图11-23所示，可通过"新建参数"![]按钮添加所需参数，如模型的尺寸、材质等参数。

图　11-22

图　11-23

在功能区中的"创建"选项卡→"形状"面板中，提供了"拉伸""融合""旋转""放样""放样融合"和"空心形状"的建模方法，如图11-24所示。这些建模方法可以创建两种形状的模型：实心形状和空心形状。空心形状是用来从实心形状模型中扣除的形状。默认状态下，"拉伸""融合""旋转""放样""放样融合"5个命令创建的是实心形状模型。

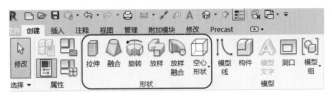

图　11-24

（1）拉伸　拉伸是最容易创建的形状，可以在工作平面上绘制一个封闭的形状（轮廓），然后沿着垂直工作平面的方向拉伸该轮廓并给予一个拉伸高度来创建三维实心形状，如图11-25所示。

创建方法如下：

1）设置工作平面。单击"创建"选项卡→"工作平面"面板→![]"设置"。

图 11-25

2）单击"形状"面板→▢"拉伸"。

3）在"修改|创建拉伸"选项卡→"绘制"面板中使用绘制工具绘制拉伸轮廓。若创建单个实心形状，绘制一个闭合环；若创建多个形状，则绘制多个不相交的闭合环。

4）在"属性"框中，设置拉伸属性：指定拉伸终点、拉伸起点；指定材质、选择实心/空心等。

5）单击"修改|创建拉伸"选项卡→"模式"面板→✔"完成编辑模式"。打开三维视图，查看拉伸效果。

6）在三维视图中可选择并使用夹点进行编辑，调整拉伸大小。

（2）融合 "融合"命令可以将两个平行端面上的不同形状（轮廓）进行融合建模，从起始形状融合到最终形状。

创建方法如下：

1）设置工作平面。单击"创建"选项卡→"工作平面"面板 ➤ ▦ "设置"。

2）单击 "形状"面板→🫕"融合"。

3）在"修改|创建融合底部边界"选项卡→"绘制"面板中，使用绘制工具绘制融合的底部边界，例如绘制一个正方形，如图 11-26 所示。

4）在"修改|创建融合底部边界"选项卡→"模式"面板上，单击 🫕 "编辑顶部"按钮。

5）在"修改|创建融合顶部边界"选项卡→"绘制"面板中，使用绘制工具绘制融合的顶部边界，例如以正方形中心为圆心绘制一个圆，如图 11-27 所示。

技巧：如有必要，可单击"模式"面板→🫕"编辑顶点"来控制融合体中的扭曲数量。

6）在"属性"框中，设置融合属性：通过在"约束"中输入"第二端点"和"第一端点"的值确定融合的深度，如设置"第二端点"的值为"2500"，默认状态下"第一端点"的值为"0"；指定材质、选择实心/空心等。

7）单击"修改|创建融合顶部边界"选项卡→"模式"面板→✔"完成编辑模式"完成融合建模。打开三维视图，查看融合效果，如图 11-28 所示。

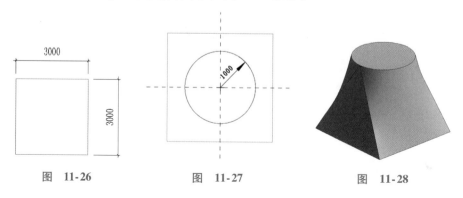

图 11-26   图 11-27   图 11-28

8）在三维视图中可选择并使用夹点进行编辑，调整融合大小。

（3）旋转 "旋转"命令用来将某个二维闭合形状（轮廓）围绕一根轴旋转指定角度而生成三维模型。

创建方法如下：

1）设置工作平面。单击"创建"选项卡→"工作平面"面板→ "设置"。如选择"标高1"作为工作平面。

2）单击"形状"面板→ "旋转"。

3）单击"修改│创建旋转"选项卡→"绘制"面板→ "边界线"，使用绘制工具绘制形状，以围绕着轴旋转，二维形状边界必须是闭合的。如绘制一个半径为1000.0的圆，如图11-29所示。

若要创建单个旋转，绘制一个闭合环；若要创建多个旋转，则绘制多个不相交的闭合环。

4）确定旋转轴。在"修改│创建旋转"选项卡→"绘制"面板上，单击" 轴线"命令，在所需方向上指定轴的起点和终点。如在圆心右侧4000处绘制一条竖直的轴线，如图11-30所示。

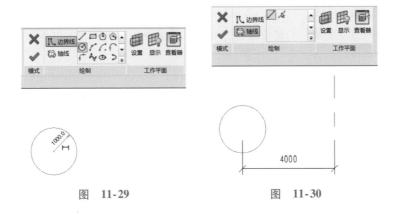

图 11-29   图 11-30

说明：如果轴与旋转造型接触，则产生一个实心几何图形。如果轴不与旋转形状接触，旋转体中将有个孔。

5）在"属性"框中，设置旋转的属性：通过在"约束"中输入"起始角度"和"结束角度"的值来确定旋转的几何图形的起点和终点，如设置"结束角度"的值为"270.00°"，默认状态下"起始角度"的值为"0.00°"，如图11-31所示；指定材质、选择实心/空心。

6）单击"修改│创建旋转"选项卡→"模式"面板→ "完成编辑模式"→ "完成模型"，完成旋转建模。打开三维视图，查看旋转效果，如图11-32所示。

图 11-31   图 11-32

7）在三维视图中可选择并使用夹点进行编辑，调整旋转角度。

（4）放样 "放样" 命令用来将绘制的或已有的闭合二维轮廓，沿着指定路径放样而生成三维模型。

创建方法如下：

1）设置工作平面。单击 "创建" 选项卡→ "工作平面" 面板→  "设置"。如选择 "标高 1" 作为工作平面。

2）单击 "创建" 选项卡→ "形状" 面板→ " 放样" 命令，进入 "修改 | 放样" 绘图界面。

3）指定放样路径。可以单击 "放样" 面板→ " 绘制路径" 命令绘制路径，也可以单击 " 拾取路径" 命令，为放样选择现有的线。例如，单击 " 绘制路径"，使用样条曲线绘制工具绘制一条任意曲线，如图 11-33 所示。在 "模式" 面板上，单击 "完成编辑模式"。

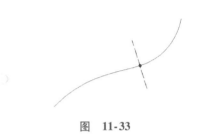

图　11-33

说明：路径既可以是单一的闭合路径，也可以是单一的开放路径。但不能有多条路径。路径可以是直线和曲线的组合。

4）绘制或选择轮廓。

绘制轮廓：单击 "修改 | 放样" 选项卡→ "放样" 面板→ " 编辑轮廓"。这时会弹出 "转到视图" 对话框，如图 11-34 所示，从中选择要绘制该轮廓的视图，单击 "打开视图"，在该视图上绘制轮廓草图。轮廓草图必须是闭合环。例如转到 "西立面" 视图中，绘制一个任意大小的正六边形，如图 11-35 所示。单击 "修改 | 放样 > 编辑轮廓"→ "模式"→ "完成编辑模式"。

说明：也可单击 "修改 | 放样" 选项卡→ "放样" 面板，然后从 "轮廓" 列表中选择一个轮廓。如果所需的轮廓尚未载入到项目中，可单击 "修改 | 放样" 选项卡→ "放样" 面板→ "载入轮廓"，以载入该轮廓。

图　11-34

5）单击"修改│放样"选项卡→"模式"面板→✔"完成编辑模式"。

6）在"属性"选项板上，设置放样属性。指定材质，实心/空心等。

7）单击"修改│放样"选项卡→"✔完成模型"，完成放样建模。打开三维视图，查看放样效果，如图 11-36 所示。

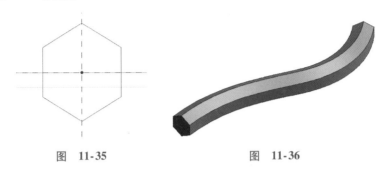

图　11-35　　　　　　　　　　　　图　11-36

（5）放样融合　使用"放样融合"命令，可以创建具有两个不同轮廓沿路径放样的融合体。放样融合的形状是由绘制或拾取的二维路径以及由绘制或载入的两个轮廓确定。它的使用方法和放样大体一样，只是可以选择两个轮廓面。

创建方法如下：

1）设置工作平面。单击"创建"选项卡→"工作平面"面板→▦"设置"。如选择"标高 1"作为工作平面。

2）单击"创建"选项卡→"形状"面板→"▯放样融合"命令，进入"修改│放样融合"绘图界面，如图 11-37 所示。

图　11-37

3）指定放样融合的路径：可以单击"放样融合"面板→"▱绘制路径"命令为放样融合绘制路径，也可以单击"▯拾取路径"命令，为放样融合拾取现有线和边。例如，单击"▱绘制路径"，使用绘制工具任意绘制一段圆弧，如图 11-38 所示。在"模式"面板上，单击✔"完成编辑模式"。

4）绘制或选择轮廓：单击"修改│放样融合"选项卡→"放样融合"面板→"▯选择轮廓 1"→▯编辑轮廓"。这时会弹出"转到视图"对话框，如图 11-39所示，从中选择要绘制该轮廓的视图，单击"打开视图"，放样融合路径上的轮廓 1 的端点高亮显示，在该视图上绘制轮廓草图。轮廓草图必须是闭合环。例如转到"三维视图"中，绘制一个任意大小的

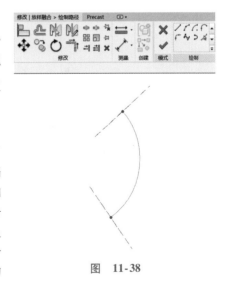

图　11-38

矩形，如图 11-40 所示。单击"修改│放样融合 > 编辑轮廓"→"模式"→ ✔ "完成编辑模式"。

图　11-39

说明：也可单击"修改│放样融合"选项卡→"放样融合"面板，然后从"轮廓"列表中选择一个轮廓。如果所需的轮廓尚未载入到项目中，可单击"修改│放样"选项卡→"放样融合"面板→🔲"载入轮廓"，以载入该轮廓。

单击"修改│放样融合"选项卡→"放样融合"面板→🔲"选择轮廓 2"。使用以上步骤载入或绘制轮廓 2。例如，绘制一个任意大小的圆，如图 11-41 所示。单击"修改│放样融合 > 编辑轮廓"→"模式"→ ✔ "完成编辑模式"。

单击"修改│放样融合"选项卡→"模式"→ ✔ "完成编辑模式"。

5）在"属性"选项板上，设置放样融合属性。指定材质，实心/空心等。

6）单击"修改│放样融合"选项卡→" ✔ 完成模型"，完成放样建模。打开三维视图，查看放样融合效果，如图 11-42 所示。

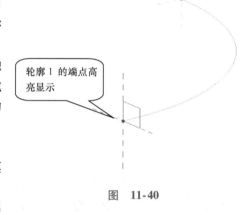

图　11-40

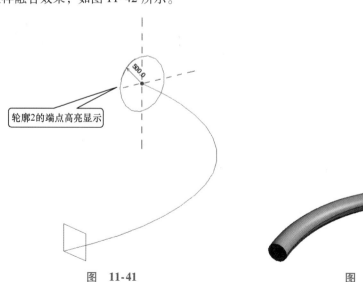

图　11-41

图　11-42

（6）空心形状　"空心形状"命令是用来从实心形状模型中剪切一个空心形状模型。空心模型创建的方法有两种：

1）单击"创建"选项卡→"形状"面板→"空心形状"按钮，如图11-43所示，在下拉列表中选择命令，各命令的使用方法相同。

2）实体和空心相互转换。选中已创建的实心模型，在"属性"框中将实心转变成空心，如图11-44所示。

图　11-43　　　　　　　　　　　图　11-44

3. 内建模型的编辑

对于利用上述方法创建的三维模型，还可以重新编辑。

以用"拉伸"命令创建的模型为例。单击想要编辑的实体，然后单击"修改|常规模型"选项卡→"模型"面板→"在位编辑"，软件进入族编辑器界面。再次单击选中模型，单击"修改|拉伸"选项卡→"模式"面板→"编辑拉伸"，进入"修改|拉伸 > 编辑拉伸"草图绘制模式，此时可编辑修改二维轮廓及进行模型属性设置。

 11.2.2　创建模型文字

Revit中可将三维实体文字添加到建筑模型中，如可以使用模型文字作为建筑物的记号或墙上的字母，可以指定其字体、大小、深度和材质，如图11-45所示。

创建方法如下：

1）设置工作平面。将模型文字附着的平面设置为当前工作平面。

2）单击"建筑"选项卡→"模型"面板→"Ａ模型文字"按钮。

3）在"编辑文字"对话框中输入文字，并单击"确定"。

4）将光标放置到绘图区域中。光标移动时，会显示模型文字的预览图像。

5）将光标移动到所需的位置，并单击鼠标以放置模型文字。

图　11-45

6）对创建的模型文字可设置其文字样式、对齐方式、材质及深度等。

【任务实施】

1）打开上节保存的"别墅-创建散水 . rvt"文件，在项目浏览器中双击"楼层平面"项下的"2 楼",打开"楼层平面:2 楼"平面视图。

2）用"内建模型"的方法创建建筑标识中的"方框"。

① 单击"建筑"选项卡→"构建"面板→"构件"下拉菜单→"内建模型"命令,在弹出的"族类别和族参数"对话框的"族类别"栏中选择"常规模型",弹出"名称"对话框,如图 11-46 所示,这里不修改名称直接单击"确定",进入族编辑器界面。

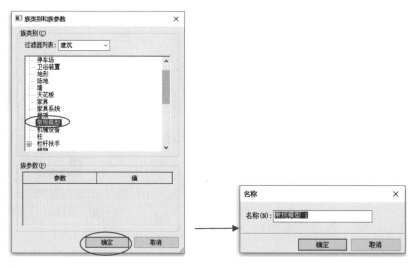

图 11-46

② 切换到"2 楼"楼层平面视图,单击"创建"选项卡→"形状"面板→"拉伸"命令,在"修改 | 创建拉伸"选项卡中,单击"工作平面"→"设置"命令,在弹出的"工作平面"对话框中"指定新的工作平面"选择"拾取一个平面"的方式,单击"确定",如图 11-47 所示。

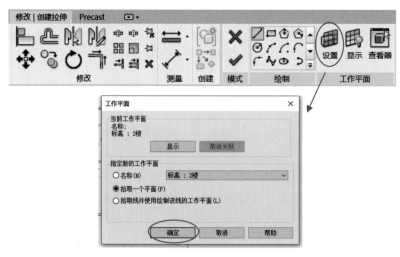

图 11-47

③ 在"楼层平面:2 楼"平面视图中,用十字光标,单击选取ⓒ轴与⑤~⑦轴的外墙作为工作平面,如图 11-48 所示。在弹出的"转到视图"对话框中,选择"立面:南",单击"打开视图"按钮,如图 11-49 所示。

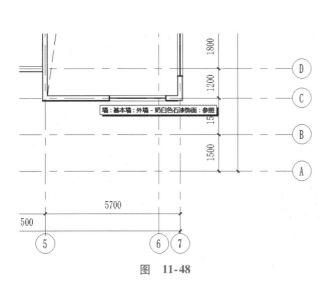

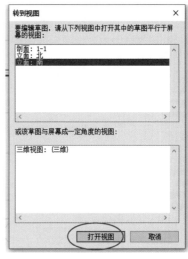

图　11-48　　　　　　　　　　　　　　图　11-49

④ 在"立面:南"视图中,利用"绘制"面板及"修改"面板中的绘制和编辑工具在ⓒ轴与⑤~⑦轴的 2 楼外墙的适当位置绘制方框轮廓,如图 11-50 所示(图中尺寸不需标注,仅供绘图用)。

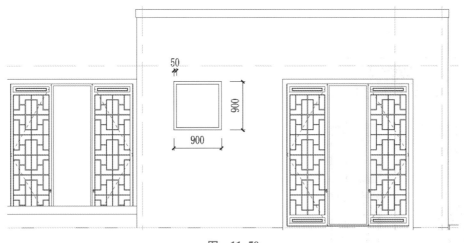

图　11-50

⑤ 在"属性"框中,设置"拉伸终点"的值为"50.0","拉伸起点"的值为默认值"0.0";"材质"选择为"金属—铜",如图 11-51 所示。

⑥ 单击"修改│创建拉伸"选项卡→"模式"面板→"✔（完成编辑模式）";再单击"修改"面板→"✔完成模型",效果如图 11-52 所示。

说明:"方框"模型,也可采用放样的方式创建,读者可自行练习。

3）创建模型文字"中式别墅"。

① 设置工作平面。在"立面:南"视图中,单击"建筑"选项卡→"工作平面"面板→"🔲 显示"命令,显示当前工作平面,确保当前工作平面仍然是ⓒ轴与⑤~⑦轴的 2 楼外墙,如图 11-53 所示。再次单击"🔲 显示"命令可取消显示。

图　11-51

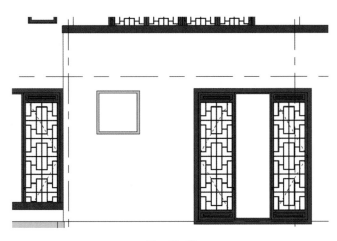

图　11-52

② 单击"建筑"选项卡→"模型"面板→"模型文字"按钮，在弹出的"编辑文字"对话框中输入文字"中式别墅"，并单击"确定"，如图 11-54 所示。

图　11-53

图　11-54

③ 将显示文字预览图像的光标移动到方框中适当位置，单击鼠标以放置模型文字。

④ 单击已创建的模型文字，在"属性"框中，单击"编辑类型"按钮，弹出"类型属性"对话框，设置文字的字体和大小，如图 11-55b 所示；其余"对齐方式""材质"及"深度"设置如图 11-55a 所示。

4）将文件保存为"别墅-内建模型 模型文字 . rvt"。

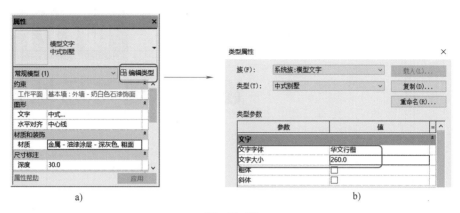

图　11-55

【任务小结】

内建族适用于创建项目中特有的非标准化的构件、装饰构件等，一般仅在必要时才使用内建族，项目中过多的内建族图元，将会增加项目文件的大小并使软件性能降低。本任务中内建族的各种创建方法同样适用可载入族，熟练掌握这些方法对今后更多地学习族的创建有很大帮助。

项目十二

设置场地与场地构件

【项目概述】

场地反映建筑物地下部分及建筑周围的环境情况，通过本项目学习，可以了解地的相关设置，创建和编辑场地三维地形模型、场地道路、建筑地坪等构件，完成建筑场地设计后，可以在场地中添加植物、车辆和人物等场地构件以丰富场地表现。

【项目目标】

1. 掌握放置点方式生成和编辑地形表面。
2. 掌握创建和编辑建筑地坪与子面域。
3. 了解导入数据创建地形表面。

任务 设置场地与场地构件

【任务描述】

使用 Revit 2018 创建某别墅周围地形，并放置场地构件，如图 12-1 所示。

图 12-1

【知识链接】

12.1.1 创建地形表面

Revit 有两种创建地形表面的方式，分别为放置高程点和导入测量文件。本项目介绍 Revit 2018 手动放置高程点创建场地的方法。

通过放置点方式生成地形表面，为便于控制点的定位，首先需要在"楼层平面：场地"视图中绘制辅助参照面，如图 12-2 所示参照面定位点。单击"体量和场地"选项卡→"场地建模"面板→"地形表面"工具，如图 12-3 所示，自动切换至"修改│编辑表面"上下文选项卡，如图 12-4 所示，然后单击"修改│编辑表面"选项卡→"工具"面板→"放置点"命令，在如图 12-5所示的"选项栏"中输入放置点的"高程"值，将光标移到绘图区放置场地控制高程点。

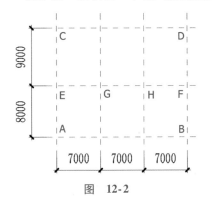

图 12-2

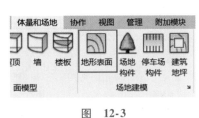

图 12-3

创建地形表面

图 12-4

图 12-5

示例：① 在如图 12-2 所示平面中放置高程点，各点的高程值（默认单位 mm）为 A：0；B：0；C：6000；D：6000；E：12000；F：8000。

② 放置点完毕后，按 Esc 键两次，退出放置点状态；单击"属性"面板中"材质"后的浏览按钮，打开"材质浏览器"对话框，选择所需要材质，如"场地-土"，单击"确定"按钮返回绘图区域，单击"表面"面板中 ✔ 按钮完成表面，生成如图 12-6 所示地形。

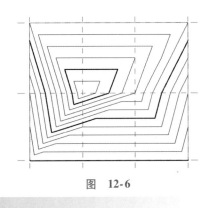

图 12-6

12.1.2 编辑地形表面

绘制完成的地形，仍可再次编辑。选择所绘制地形后，单击弹出的"修改│地形"选项卡→"表面"面板→"编辑表面"按钮，如图 12-7 所示。进入地形表面编辑状态，此时可以选择原有高程点进行高程修改，也可以移动、删除、复制高程点。在地形表面编辑状态时，同创建地形表面一样可以"放置点"编辑地形表面。

在"体量和场地"选项卡下"场地建模"面板右下角有个小箭头（如图 12-8 所示），单击该箭头，弹出如图 12-9 所示"场地设置"对话框。可在该对话框内修改主等高线、次等高线显示"间隔""剖面填充样式""地基土层高程"。

编辑地形表面

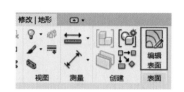

图 12-7

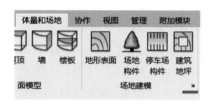

图 12-8

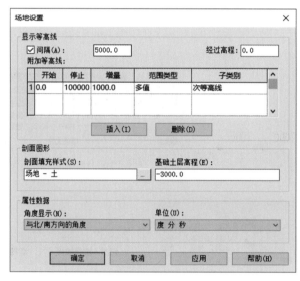

图 12-9

12.1.3 添加建筑地坪

添加建筑地坪

创建地形表面后，可以根据建筑物需要，创建建筑地坪，平整场地表面。在坡度变化较大的地形表面上，建筑地坪低于地形表面时，场地地表将被挖除；高于地形表面时，场地表面将被回填。建筑地坪只能在完成的地形表面范围内创建。

1）切换至"场地"楼层平面图，单击"体量和场地"选项卡→"场地建模"面板→"建筑地坪"命令，切换至"修改|创建建筑地坪边界"上下文选项卡，进入"创建建筑地坪边界"编辑状态。

2）单击"属性"面板中的"编辑类型"按钮，打开"类型属性"对话框。在该对话框内，可以对建筑地坪修改名称，单击"类型参数"列表中"结构"参数后的"编辑"按钮，在弹出的"编辑部件"对话框中可以修改地坪材质参数。

3）修改"属性"面板中的"标高"及"标高偏移"来控制场地地坪的高度。

4）根据建筑物及环境需要，在"绘制"面板中使用"边界线"绘制封闭的建筑地坪线。

单击"√"确认即可生成建筑地坪。如果建筑地坪有高差坡度，在"创建建筑地坪边界"编辑状态下，使用"绘制"面板中"坡度箭头"进行坡度及高差设置。

 12.1.4　子面域及创建场地道路

子面域及创建场地道路

完成地形表面模型后，可以使用"子面域"工具将地表划分为不同的区域，并为不同的区域指定不同的材质，如草地、道路等。

1）切换至"场地"楼层平面图，单击"体量和场地"选项卡下"场地修改"面板内"子面域"，切换至"修改|创建子面域边界"选项卡，进入"创建子面域边界"编辑状态。

2）修改"属性"面板中的"材质"，如修改为"场地-草""混凝土-柏油路"等，如果"材料浏览器"没有所选材料，可以自行创建材质。

3）根据建道路或者绿化需要，在"绘制"面板中绘制封闭的子面域线。单击"√"确认完成子面域创建。子面域标高与地形表面完全一致。

说明："体量和场地"选项卡下"场地修改"面板内"拆分表面"命令也可用于创建道路、场地绿化。"拆分表面"命令可以将地形表面拆分为2个不同的表面，以便可以独立编辑每个表面。拆分后的表面或2个地形表面还可以通过"场地修改"面板内的"合并表面"命令将2个地形表面组合在一起，形成一个地形表面。

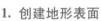 **12.1.5　放置场地构件**

"场地构件"工具可以为场地添加人物、停车场、树木、体育设施、公共设施等。这些构件均依赖于项目中载入的构件族，项目样板中没有的构件，在放置前，需先载入到项目中。

放置场地构件时，可以在"场地"楼层平面图中放置，也可以在三维图中放置。单击"体量和场地"选项卡下"场地建模"面板内"场地构件"。在"属性"面板中确认当前构件类型，如类型列表中没有所需要添加的构件，则可通过"载入族"命令将需要的构件族载入到本项目中。然后把所选构件放置到场地中，即完成场地构件放置。

【任务实施】

放置场地构件

打开上节保存的"别墅-内建模型 模型文字.rvt"文件。

1. 创建地形表面

1）切换到"楼层平面：场地"视图，输入 RP 命令，绘制 10 个参照平面，如图 12-10 所示。

2）单击"体量和场地"选项卡→"场地建模"面板→"地形表面"命令，自动激活"修改|编辑表面"上下文选项卡，单击"工具"面板→"放置点"命令，在选项栏"高程"选项中，分别输入各点高程值，在绘图区中放置控制高程点，高程值见表 12-1。

表　12-1

高程点	A	B	C	D	E	F	G	H	I	J	K	M
高程值	−450	−450	2800	2800	−450	−450	0	0	0	0	2800	2800

3）单击"属性"面板中"材质"后的浏览按钮，打开"材质浏览器"对话框，搜索选择"场地-土"。单击"确定"按钮，生成的地形三维视图如图 12-11 所示。

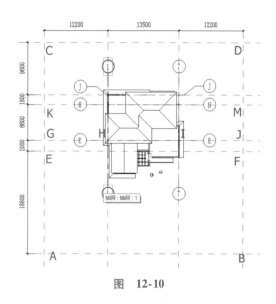

图 12-10

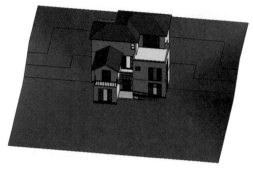

图 12-11

2. 添加建筑地坪

1）切换到"楼层平面：场地"视图，分别在①轴、⑦轴、Ⓐ轴、Ⓙ轴外侧 3000 处绘制辅助参照平面，如图 12-12 所示。

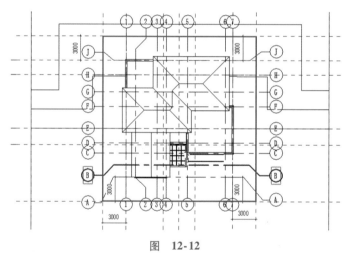

图 12-12

2）单击"体量和场地"选项卡→"场地建模"面板→"建筑地坪"，激活"修改｜创建建筑地坪 > 编辑边界"上下文选项卡，进入创建建筑地坪边界的编辑状态，单击"绘制"面板→"矩形▭"命令，拾取两个对角创建矩形边界线，完成建筑地坪边界线的绘制，如图 12-13 所示。

3）单击"属性"框中的"编辑类型"按钮，在弹出的"类型属性"对话框中单击"复制"按钮，名称命名为"建筑地坪 2"，单击对话框中"类型参数"列表中"结构"参数后的"编辑"按钮，在弹出的"编辑部件"对话框中，将"结构 1"层材质修改为"大理石抛光"。单击"确定"按钮返回。

4）在"属性"框中设置"标高"为"室外地坪"、"自标高的高度偏移"为"0.0"，如图 12-14 所示。

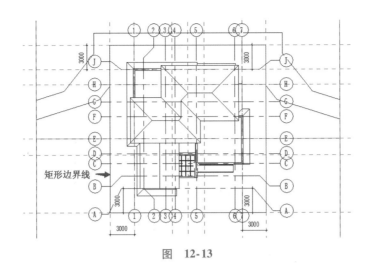

图　12-13

5）单击"模式"面板中"✔"完成编辑模式，即可生成建筑地坪，如图 12-15 所示。

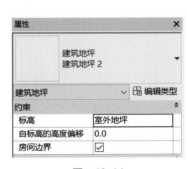

图　12-14

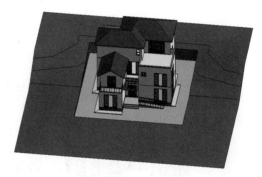

图　12-15

3. 添加挡土墙

切换至"楼层平面：室外地坪"视图。单击"建筑"选项卡→"墙"→"墙：建筑"命令，在"属性"框中选择墙的类型，设置其属性，如图 12-16 所示。顺时针在Ⓔ轴北侧，沿着建筑地坪边线绘制挡土墙，如图 12-17 所示。完成绘制后的三维效果如图 12-18 所示。

4. 用子面域创建草坪和道路

（1）用子面域创建草坪

1）切换到"楼层平面：场地"视图，单击"体量和场地"选项卡→"修改场地"面板→"子面域"命令，切换至"修改｜创建子面域边界"选项卡，进入"创建子面域边界"编辑状态。在"属性"面板中将"材质"设置为"场地-草"。在Ⓔ轴南侧、建筑地坪左边线左侧的场地区域，绘制封闭的子面域线，如图 12-19 所示。单击"✔"按钮，完成子面域创建。

图　12-16

2）使用相同的方法在Ⓔ轴南侧、建筑地坪右边线右侧的场地区域创建草坪。创建后的三维效果如图 12-20 所示。

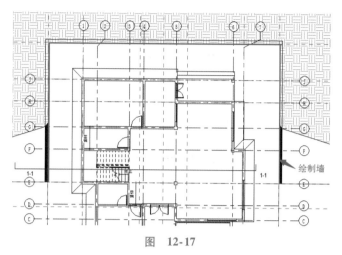

图 12-17

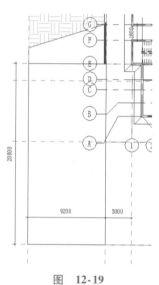

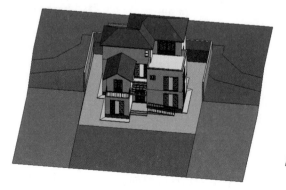

图 12-18

图 12-19

（2）用子面域创建道路　用同样方法，调用"子面域"命令在建筑地坪下侧，在场地正中间创建4m宽道路，"材质"设置为"大理石抛光"。完成后三维效果如图12-21所示。

图 12-20　　　　　　　　　　　图 12-21

5. 放置植物、汽车和人物等

1）在"场地"楼层平面视图或三维视图中，单击"体量和场地"选项卡→"场地建模"选项卡→"场地构件🌲"工具，进入"修改|场地构件"上下文选项卡。在"属性"框中的类型选择器中选择当前构件类型为"白杨 3D"，然后在每片草坪地中适当位置放置 2 棵白杨。

2）继续使用"场地构件"工具，在"属性"框类型列表中选择"RPC 男性：LaRon"，移动鼠标指针至南侧室外场地任意位置，Revit 将预显示该人物族，箭头方向代表该人物"正面"方向。按键盘空格键，将以 90°的角度旋转人物 LaRon 的方向，单击鼠标左键放置该人物构件。使用同样的方法，在场地任意位置单击放置 RPC 人物。应用同样方法，在适当位置，放置构件"RPC 甲虫"轿车。

6. 场地与场地构件创建完毕

三维效果如图 12-1 所示；保存文件为"别墅-场地与场地构件.rvt"。

【任务小结】

通过本项目学习，要掌握地形表面、建筑地坪、子面域、场地道路和场地构件等功能的使用。利用地形表面和场地修改工具，生成场地地形表面；子面域是在地形表面上划分场地功能，可用来创建场地道路等；建筑地坪可剪切地形表面；场地构件可为场地添加树木、汽车等构件，以丰富场地表现。

【知识加油站】通过导入数据创建地形表面

如前所述，Revit 有两种创建地形表面的方式：放置高程点和导入测量文件。导入测量文件方式中，Revit 支持两种形式的测绘数据文件导入：DWG 地形数据文件和高程点文本文件。下面介绍较为常用的 DWG 地形数据文件的导入。

1）应用"建筑样板"，新建一项目文件，单击"插入"选项卡→"导入"面板→"导入CAD📄"命令。

2）弹出如图 12-22 对话框，浏览选择配套光盘内的"地形.dwg"文件，设置对话框底部的"导入单位"为"米"，"定位"方式为"自动-原点到原点"，"放置于"选项设置为"标高 1"，单击"打开"按钮，进入"三维视图"即可看到导入的高程线。

图　12-22

3）在"三维视图"中，单击"体量和场地"选项卡→"场地建模"面板→"地形表面"命令，进入地形表面编辑状态，自动切换至"修改|编辑表面"上下文选项卡，如图 12-23 所示，单击"工具"面板→"通过导入创建"→"选择导入实例"。

图　12-23

4）单击拾取已导入的 dwg 文件的高程线，弹出如图 12-24 所示对话框。该对话框显示了所选择 DWG 文件中包含的所有图层。勾选"曲面"图层，单击"确定"按钮，退出该对话框。Revit 将分析所选图层中三维等高线数据并沿等高线自动生成一系列高程点。

图　12-24

5）Revit 沿所选择图层中带有高程值的等高线生成的高程点过密，单击"工具"面板中的"简化表面 🏠"工具，弹出"简化表面"对话框，如图 12-25 所示，输入"表面精度"值为"100"，单击"确定"按钮，简化后将剔除多余高程点。

6）单击"修改 | 编辑表面"选项卡中"✔"，完成地形表面模型。选择导入的 DWG 文件，按 < Delete > 键删除该 DWG 文件。切换至三维视图，地形模型如图 12-26 所示。

图　12-25

7）单击"体量和场地"选项卡→"场地建模"面板名称右侧的斜箭头 ↘，弹出"场地设置"对话框。如图 12-27 所示，不勾选"间隔"选项，单击"删除"按钮删除"附加等高线"列表中所有内容。单击"插入"按钮，插入新附加等高线，设置"开始"值为 0，"停止"值为 1000000（即 1000m）；修改"增量"为 10000（即 10m）；设置"范围类型"为"多值"，"子类别"为"主等高线"，即在地形表面 0 ~ 1000m 高程范围内，按 20m 等高距显示主等高线。使用类似的方式插入新行，设置"开始"与"停止"值与第 1 行相同，设置"增量"为 40000（即 40m），设置"范围类型"为"多值"，设置"子类别"为"次等高线"，即在地形表面 0 ~ 1000m 高程范围内，每隔 60m 显示次等高线。设置完成后单击"确定"按钮，

图　12-26

退出"场地设置"对话框。Revit 将按"场地设置"中设置的等高线间隔重新显示地形表面上的等高线，如图 12-28 所示。

图　12-27

图　12-28

項目十三

渲染与漫游

【项目概述】

在建筑设计过程中，为了全方位展示设计创意和成果，常常需要制作渲染图和动画。Revit 软件可以利用创建好的三维模型来创建渲染效果图和漫游动画，实现了在一个软件环境中完成从模型创建、施工图设计到可视化设计的所有工作，提高了工作效率。

本项目主要讲解设计表现内容，包括材质设置、给构件赋材质、创建室内外相机视图、室内外渲染场景设置及渲染，以及项目漫游的创建与编辑方法。

【项目目标】

1. 掌握构件材质和相机的设置方法。
2. 掌握渲染效果图的基本制作过程。
3. 了解漫游动画的基本制作过程。

任务 1 设置构件材质外观

【任务描述】

在渲染之前，需要给构件设置材质，材质决定了图元的外观。Revit 自带材质库，提供了石材、混凝土、玻璃等很多建筑物的材质，用户可以直接选择使用，也可以根据需要自行创建新材质。本任务将通过为别墅的屋顶添加和修改材质来了解给构件设置材质的方法。

【知识链接】

 13.1.1 图形表现形式的使用

图形表现形式的使用

Revit 软件为视图提供了不同的显示效果，称为图形表现形式，可以通过"视图控制栏"的"视觉样式"按钮 进行设置，如图 13-1 和图 13-2 所示。

图 13-1　　　　　　　　　　　　　　图 13-2

1. 图形显示样式的区别

Revit 的"视觉样式"为模型提供了多种显示方式，包括"线框""隐藏线""着色""一致的颜色""真实"和"光线追踪"。显示效果如图 13-3 所示。"线框"和"隐藏线"模式都是以线条的形式表现，"隐藏线"模式进行了消隐计算，只显示可以看到的图形；"着色"和"一致的颜色"都是着色显示，其主要区别在于"着色"模式考虑日光投射的影响，每个面受光线影响有明暗之分，而"一致的颜色"没有考虑日光投射，每个面的颜色都一致；"真实"和"光线追踪"模式对光线的折射进行了计算，看上去比较真实，但是会消耗比较大的计算机资源，要达到比较好的实时显示效果，对计算机性能有一定要求。

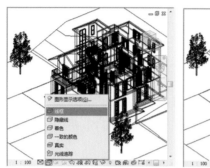
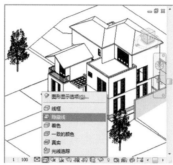
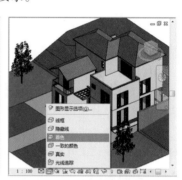
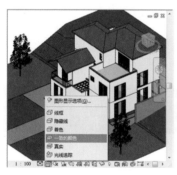
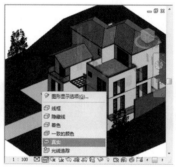

图　13-3

2. "图形显示选项"的设置

单击"视觉样式"中"图形显示选项"选项，弹出"图形显示选项"对话框，如图 13-4 所示。对话框中包括"模型显示""阴影""勾绘线""深度提示""照明""摄影曝光""背景"7 个板块，每个板块的内容见表 13-1。在修改设置后，单击"应用"按钮可以预览修改后的显示效果。

表　13-1

板　块	主　要　内　容
模型显示	可以选择 5 种视觉样式显示，同时可以控制边缘是否显示、视图透明度以及轮廓的显示线型
阴影	选择"投射阴影"或"显示环境阴影"复选框管理视图中的阴影
勾绘线	可以通过设置"抖动"或"延伸"的强度显示手绘的效果
深度提示	在立面、剖面视图中设置淡入的效果

（续）

板　　块	主　要　内　容
照明	设置日光的方位及强度，以及阴影的明暗程度。为获得最佳效果和较高性能，请确保为视图指定"远剪裁"
摄影曝光	仅在使用"真实"视觉样式的视图中可用，以曝光的方式控制渲染效果
背景	在三维视图中设置模型显示的背景
另存为视图样板	保存当前"图形显示选项"设置的参数，以备将来使用

图　13-4

 13.1.2　设置构件材质外观

　　为了对视图进行渲染，需要为构件设置材质，这里首先介绍材质属性的设置方法。

　　单击"管理"选项卡→"设置"面板→"材质" ⚙ 按钮，在打开的"材质浏览器"对话框中进行材质属性设置，"材质浏览器"对话框包括三部分区域：项目材质栏、材质库面板和材质属性面板。项目材质栏位于材质浏览器的左侧，是项目中可以使用的材质集合；在项目材质栏的上部有一个"显示/隐藏库面板" 设置构件
材质外观

按钮🗖，单击之后可以在左侧下部显示材质库面板，材质库中有 Revit 自带的材质资源；材质属性面板位于材质浏览器右侧，用于为项目材质栏中选定的材质设置修改属性，如图 13-5 所示。

　　在材质浏览器的材质属性面板中，有"图形"和"外观"两个选项卡的属性设置，"图形"选项卡的设置影响到"线框""隐藏线""着色""一致的颜色"的显示效果，"外观"选项卡的设置影响到"真实"、"光线追踪"的显示效果。

　　项目材质栏中的材质可以由材质库面板选择添加，也可以自行添加。在材质库面板中选择材质，然后按住鼠标不放，将所选材质拖动到项目材质栏，可以完成材质添加，也可以在所选材质上单击鼠标右键，在快捷菜单中选择"添加到""文档材料"进行添加；如果需要自定义材质，可以单击"创建并复制材质"按钮 📀▾，在下拉式菜单中选择"新建材质"选项，在项目材质栏中会增加一个名称为"默认为新材质"的新材质，然后在右侧材质属性面板中设置材质属性；如果需要修改材质名称，可以用鼠标右键单击材质名称，在弹出菜单中选择"重命

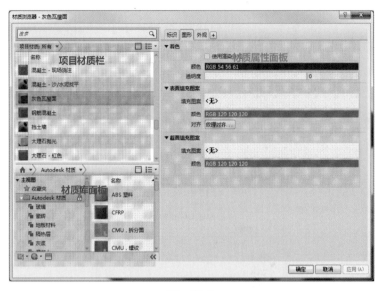

图 13-5

名"选项。

项目材质栏中材质可以通过材质属性面板修改材质属性,对于"图形"属性,可以对材质的颜色、表面填充图案、截面填充图案进行设置,如果勾选"使用渲染外观",则会使用"外观"中设置的颜色。对于"外观"属性,可以自行修改相应的参数,也可以用其他材质进行替换,选择"外观"选项卡,单击鼠标右键,在弹出的菜单中选择"替换"选项,如图 13-6 所示,会弹出"资源浏览器"对话框,如图 13-7 所示,资源浏览器中包括软件自带的材质库资源,选择

图 13-6

需要的材质,在材质上单击鼠标右键,在弹出的菜单中选择"在编辑器中替换"选项,如图 13-8所示,完成材质修改设置。

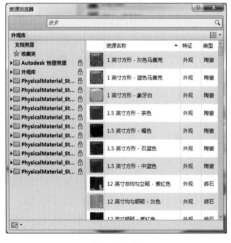

图 13-7

图 13-8

完成材质设置后,可以通过"属性"框→"编辑类型"→"类型属性"对话框→"结构/编

辑"→"编辑部件"对话框，修改构件的"结构"类型属性，将材质赋予构件，从而在视图渲染时看到材质效果。

【任务实施】

建模流程：切换至三维视图→选择屋顶构件→"属性"面板→"编辑类型"按钮→"类型属性"对话框→"编辑"按钮→"编辑部件"对话框→"材质"栏选择材质名称→"材质浏览器"对话框→修改材质属性。

打开项目十二中保存的"别墅-场地与场地构件.rvt"文件。

1. 编辑屋顶构件材质

1）单击快速访问栏的"默认三维视图"按钮 🏠，打开三维视图。

2）选择屋顶图元，在"属性"面板中单击"编辑类型"按钮，在弹出的"类型属性"对话框中单击类型参数"结构"的"编辑"按钮，打开"编辑部件"对话框，如图13-9所示。

3）单击列表第二行 灰色瓦屋面 中的材质按钮，打开"材质浏览器"对话框。

2. 在"材质浏览器"对话框中编辑材质

1）单击左下方的"创建并复制材质" 🌐▾ 按钮，选择"新建材质"选项，项目材质栏中出现"默认为新材质"，单击鼠标右键选择"重命名"选项，修改材质名称为"屋面板-平坦1"。

2）在材质属性面板的"外观"选项卡上单击鼠标右键，选择"替换"选项，弹出"资源浏览器"对话框，如图13-10所示。

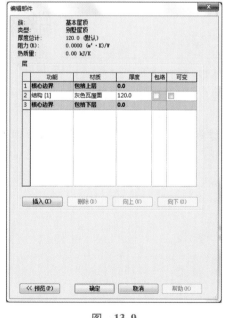

图 13-9

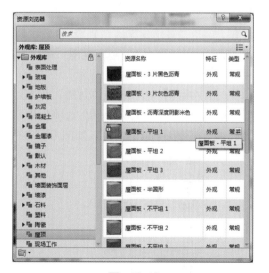

图 13-10

3）在"资源浏览器"对话框中，单击左侧"外观库"文件夹中的"屋顶"选项，在右侧找到"屋面板-平坦1"材质，在材质上单击鼠标右键，选择"在编辑器中替换"，观察材质浏览器中的"外观"选项卡的材质属性已经修改。

4）单击"图形"选项卡，勾选"使用渲染外观"，观察着色栏颜色由"RGB 120 120

120"修改为"RGB 150 145 142",单击"确定"按钮完成材质编辑。再次单击"编辑部件"对话框的"确定"按钮→"类型属性"对话框的"确定"按钮,完成屋顶的材质修改设置,屋顶的颜色由深灰色修改为淡红色。

5)在"视觉控制栏",观察、比较在"视觉样式"为"着色""真实"及"光线追踪"模式下的显示效果。

6)保存文件为"别墅-设置构件材质外观.rvt"。

【任务小结】

本任务主要学习了视图不同的显示样式,利用材质浏览器进行材质设置以及为构件设置材质的方法。材质设置的好坏直接影响渲染效果,Revit软件自带了外观库,在为构件选择材质时可以首先考虑使用软件自带的材质。

任务2 创建相机视图

【任务描述】

在制作渲染效果图时,首先需要选取合适的角度,建立透视图,就像用相机取景照相一样。本任务将介绍如何对相机进行设置,建立一个三维透视视图。

【任务实施】

13.2.1 创建水平相机视图

创建水平
相机视图

打开上一个任务中保存的"别墅-设置构件材质外观.rvt"文件。

1)打开"楼层平面:1楼"视图,单击鼠标右键,在快捷菜单中选择"缩放匹配",可快速使视图缩放为合适大小并居中显示。

2)单击"视图"选项卡→"创建"面板→"三维视图🏠"按钮,在下拉式菜单中选择"相机"选项,如图13-11所示,在选项栏中可以勾选"透视图",设置"偏移"值,偏移量表示相机离当前楼层平面的高度,如图13-12所示。

图 13-11   图 13-12

说明:如果未勾选"透视图"选项,则创建的相机视图为没有透视效果的正交三维视图。

3)在平面视图中,移动🎦图样光标到视图左下角区域适当位置,单击鼠标放置相机,然后向右上方移动光标选择视点方向,在适当位置再次单击鼠标确定视点位置,如图13-13所示；此时，自动弹出新创建的三维视图，同时，在项目浏览器"三维视图"项下，新增了"三维视图1"视图。

4）单击快速访问栏中的"关闭隐藏窗口 🗗" 按钮，关闭其他视图，仅保留当前相机的三维视图。在项目浏览器中双击"楼层平面"下的"1楼"楼层平面视图；单击"视图"选项卡→"窗口"→"平铺 🗗"命令，将平面视图和三维视图并列显示，放大缩小视图到图元全部可见。

5）在"三维视图1"中，单击鼠标选中视图的矩形边框，边框变为蓝色，此框为视口裁剪框，视口此时处于激活状态，在视口裁剪框各边中点有蓝色控制点，单击并按住蓝色控制点，进行拖曳，可以调整视口裁剪框大小，如图13-14所示。视口大小调整后，在蓝色框外任一位置单击鼠标左键，视口裁剪框变为黑色，视口此时处于非激活状态。

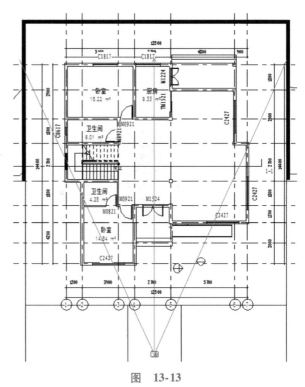

图 13-13

图 13-14

当视口处于激活状态时，在平面视图中，可以显示相机视图的可见范围，如图13-15所示，三角形区域表示相机的可视区域，与相机图标 📷 相连的两条边表示相机左右的可见区域，与相机图标 📷 相对的边表示最远可见区域，位于此区域外的图元将不可见。

在"属性"框中可以对相机的属性进行设置。

① "裁剪区域可见"选项：如不勾选，则三维相机视图中的视口裁剪框不可见。通常情况下，此选项默认为勾选。

② "远裁剪激活"选项：如不勾选，则相机的最远可见区域不再受相机三角形区域的限制，可以看到无限远。

③ "远裁剪偏移"：可以调整相机图标 📷 相对的边（即最远可见区域）的位置，也可通过

拖曳此边上空心圆点来调整远裁剪偏移值。

④ "视点高度" 和 "目标高度" 两个选项: "视点高度" 指的是放置相机位置的高度, "目标高度" 指的是目标点的高度, 默认值相同, 如图 13-16 所示。

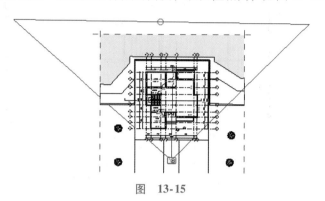

图 13-15   图 13-16

6) 在平面视图中, 单击相机图标 并按住不放, 上下左右移动鼠标, 调整相机的位置, 观察三维视图中的视角变化。单击相机的 ⊕ 并按住不放, 上下移动鼠标调整相机的视线方向, 观察三维视图中的视角变化。单击相机的 ◻ 并按住不放, 移动鼠标, 调整与相机图标的 的 距离, 可以调整可视范围, 观察三维视图中的视角变化。

7) 移动鼠标到相机边线的位置, 鼠标显示为移动标记, 单击鼠标并按住不放, 移动鼠标, 可以整体移动相机, 观察三维视图中的角度变化。

13.2.2 创建鸟瞰图

创建鸟瞰图

鸟瞰图是从空中俯视建筑的效果图。结合平面视图和立面视图可以方便建立鸟瞰视图。

1) 切换到 "楼层 1 楼", 单击 "视图" 选项卡→ "创建" 面板→ "三维视图 🏠" → "相机" 命令, 移动光标至绘图区域右下角适当位置单击放置相机, 创建 "三维视图 2", 单击视口蓝色控制点并拖动, 使整个别墅可见。

2) 打开 "立面: 南" 及 "三维视图 2" 视图。将平面视图、立面视图、相机三维视图平铺显示, 如图 13-17 所示。在 "三维视图 2" 中, 单击视口 "裁剪区域边框", 则在平面视图及立面视图中显示相机。

3) 在立面视图中, 可以通过拖曳相机控制点或在 "属性" 框中 "相机" 栏设置参数来调整相机和目标点的高度与位置, 找到满意的角度。如: 将 "视点高度" 设为 "13000", "目标高度" 设为 "2500", 观察相机的三维视图。

技巧: 在相机视图中可以通过视图导航调整相机的视角, 打开 "全导航控制盘", 单击 "动态观察", 按住鼠标不放, 上下左右移动鼠标, 观察视图的变化, 找到合适的角度。

4) 保存文件为 "别墅-相机视图.rvt"。

【任务小结】

本任务学习了如何设置相机, 生成三维视图的方法, 主要概念有: 透视图、视口、视图范围控制、视点 (相机) 高度和目标高度、鸟瞰图等。为了创建更理想的相机三维视图, 建议大家学习一些构图的基础知识, 同时能理解正交三维视图与透视三维视图的区别。

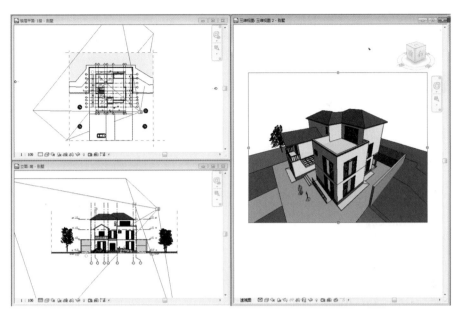

图 13-17

任务3 渲染

【任务描述】

本任务通过在"渲染"对话框中的参数设置，创建并输出三维渲染图。

【任务实施】

 ### 13.3.1 渲染设置

渲染设置

打开上节保存的"别墅-相机视图.rvt"。

1）在相机三维视图中，单击"视图"选项卡→"演示视图"面板→"渲染 🍵"命令，或单击视图控制栏中的"显示渲染对话框" 🔊 按钮，弹出"渲染"对话框，如图 13-18 所示。

2）在对话框中设置参数。将渲染"质量"设置为"高"，"输出设置"选择"打印机"，在下拉式菜单中选择"150DPI"。

说明："渲染"对话框中参数设置。

①"质量"设置：由低到高包括"绘图""中""高""最佳""自定义"等，渲染质量越高，渲染效果越好，但所需时间越长。

②"输出设置"："分辨率"可以选择屏幕大小，也可以选择"打印机"选择更高的分辨率。分辨率越高，图像就越大，渲染时间也相应增加。

③"照明"："方案"可以选择"室外：仅日光""室外：日光和人造光"等，在进行室内渲染时需要在场景中添加人造光源。对于"日光设置"，可以选择模拟真实地区的光照，也可以简单选择光线照射的角度。

④"背景"：样式可以选择天空背景，也可以选择颜色、图像作为背景，或者背景透明。

⑤"图像"：可以调整渲染图的曝光值、亮度的亮暗、阴影的浓淡、饱和度的深浅等；也可在渲染完成后，利用"调整曝光"选项对渲染图进行后期调整。

 13.3.2　渲染

1）接以上操作，在完成渲染参数设置后，单击"渲染"按钮，弹出"渲染进度"工具条，显示渲染进度、已用时间等，如图 13-19 所示。

渲染与渲染保存

图　13-18　　　　　　　　　　　　　　图　13-19

说明：如果勾选"区域"可以选择区域进行渲染。

2）等待渲染完成。完成后的效果如图 13-20 所示。

图　13-20

 13.3.3　渲染保存与输出

完成渲染后，在"渲染"对话框中，单击"保存到项目中"按钮，为渲染图命名后，把渲染图保存到项目中，图像被保存在"项目浏览器"中的"渲染"下面。

如果需要将渲染图保存为外部文件，可以单击"导出"，在弹出的"保存图像"对话框中完成文件输出操作。

【任务小结】

本节学习了对三维视图进行渲染的基本方法。需要注意的是，渲染图的显示效果受渲染质量和输出分辨率的影响，渲染所需时间与渲染效果和计算机配置有关。同时，要获得良好的模型渲染质量，需要读者不断提高美学鉴赏素养，耐心反复调试各种参数，比较渲染效果。

任务4　创建漫游动画

【任务描述】

除了用渲染图展示效果外，还可以利用漫游动画动态地展示项目，使项目的表现更加生动和完整。本任务将利用漫游工具在别墅外部创建漫游动画。

【任务实施】

13.4.1　创建漫游

创建漫游与
编辑漫游

1）切换到"楼层平面：1 楼"视图，单击"视图"选项卡→"创建"面板→"三维视图"→"漫游" 👣命令，自动激活"修改 | 漫游"上下文选项卡，在"选项栏"中根据需要，进行相关参数的修改，也可选择默认设置，如图 13-21 所示。

| 修改 | 漫游 | ☑ 透视图　比例: 1:100　　▼　偏移: 1750.0　　自 1楼　　▼ |

图　13-21

2）移动光标至绘图区域，在平面视图中，选择适当位置单击鼠标开始绘制路径，移动光标按顺序依次单击鼠标设置漫游路径，鼠标每单击一个点，即放置了一个关键帧，关键帧之间Revit 将自动创建平滑过渡。如图 13-22 所示，创建 8 个关键帧。

3）在完成关键帧的设置后，单击上下文选项卡的"完成漫游" ✔按钮，或按 < Esc > 键完成漫游路径设置。在项目浏览器中出现"漫游"目录，双击目录下的"漫游 1"打开漫游视图，单击"视图"选项卡中的"关闭隐藏对象"按钮 🔲。

4）在项目浏览器中双击"楼层平面"下的"1 楼"楼层平面视图，单击"视图"选项卡中的"平铺"按钮 🔲，"漫游 1"视图和"1 楼"平面视图并列显示，缩放视图到合适大小，选择"漫游 1"视图中视口边框，拖曳视口裁剪框四边的控制点，适当放大视口，如图 13-23 所示。

13.4.2　编辑漫游

接上节操作。

1）在"漫游 1"视图中单击选择视口裁剪框，则在"1 楼"平面视图中显示并选中漫游路径，在激活的"修改 | 相机"上下文选项卡中单击"编辑漫游" 👣按钮，激活"修改 | 相机 编辑漫游"选项卡，进入漫游编辑状态如图 13-24 所示。

183

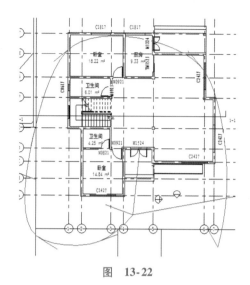

图 13-22

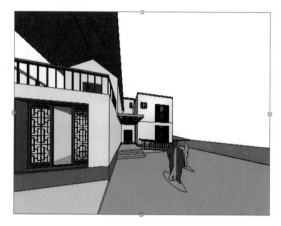

图 13-23

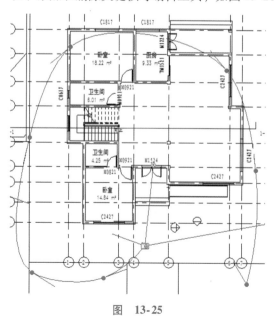

文件　建筑　结构　系统　插入　注释　分析　体量和场地　协作　视图　管理　附加模块　修改 | 相机　编辑漫游

修改　属性　上一　上一　下一　下一　播放　打开　重设
　　　　关键帧　帧　帧　关键帧　　　　漫游　相机

选择　属性　漫游

修改 | 相机　控制　活动相机　▾　帧　　300.0　共 300

图 13-24

2）在"1 楼"平面视图中，单击选中漫游路径，则关键帧点显示为红色实心圆点，如图 13-25 所示。此时选项栏中的"控制"选项被激活，该选项下拉列表中包括：活动相机、路径、添加和删除关键帧等编辑工具，如图 13-26 所示。

图 13-25

修改 | 相机　控制　活动相机　▾　帧　　102.5　共 300

项目浏览器 - 别墅修改　　活动相机
▭ 视图 (全部)　　　　　路径
　▭ 结构平面　　　　　添加关键帧
　　│─ 3楼　　　　　　删除关键帧

图 13-26

说明：

1.“控制”选项：

①“活动相机”选项：拖动相机图标到关键帧的位置，或单击“漫游”面板→“上/下一个关键帧”命令选择关键帧位置，可以对关键帧的相机进行编辑，修改相机的可视范围、视线角度。

②“路径”选项：平面图中关键帧的点呈蓝灰色显示，单击关键帧位置，按住鼠标不放，移动鼠标可以改变漫游路径。

③“添加关键帧”选项：移动鼠标到漫游路径上，在需要添加的位置单击鼠标左键，可以添加关键帧。

④“删除关键帧”选项：移动鼠标到关键帧上，单击鼠标删除关键帧。

2.“帧”设置

漫游实际上是由一帧一帧的图像组成。单击选项栏中“帧”→“共”文本框中的数字，或单击漫游“属性”框→“漫游帧”按钮，则弹出“漫游帧”对话框，如图13-27所示。在对话框中可以设置漫游动画的总帧数和每秒播放的帧数，在此基础上，动画的播放时间也可以确定。另外关键帧之间的播放速度可以是非匀速的，取消勾选“匀速”，可以对每个关键帧的播放分别设定。

图　13-27

3）在第一个关键帧上，单击相机的并按住不放，向上移动鼠标调整相机的视线方向，使之看到整个别墅。单击相机的并按住不放，移动鼠标，调整相机的可视范围，使这个别墅可见。

4）单击相机标记并按住不放，移动鼠标到第二个关键帧，也可以单击上下文选项卡“编辑漫游”→“漫游”面板→“下一关键帧”按钮，调整第二个关键帧相机的可视方向和可视范围，使别墅可见。依次调整各个关键帧相机的可视方向和可视范围，使别墅可见。

5）单击“漫游1”视图窗口，使“漫游1”为当前视图，将选项栏中“帧”文本框中的值改为“1”，单击“漫游”面板→“播放”按钮，播放编辑完成的漫游动画。

13.4.3　漫游输出

接上节操作。

1）在漫游视图中，单击“应用程序菜单”按钮，在列表中选择“导出”→“漫游和动画”→“漫游”选项，在弹出的“长度/格式”对话框中设置“输出长度”和“格式”，如图13-28所示。

漫游输出

“帧/秒”项设置导出后漫游的速度，默认值为“15”，播放速度较快，可将其值设置为“4”，播放速度将较为合适；输出“格式”包括视觉样式和缩放尺寸，视觉样式有“隐藏线”“着色”“真实”等模式，效果越好，需要的时间就越多。

2）完成设置后，单击“确定”按钮，弹出“导出漫游”对话框，确定保存路径和文件名，选择“文件类型”为avi文件格式，单击“保存”按钮，弹出“视频压缩”对话框，设置输出的压缩模式，如图 13-29 所示，"压缩程序"默认为"全帧（非压缩的）"，则导出的文件很大，建议在下拉列表中选择"Microsoft Video 1"模式，此模式为大部分系统可以读取的模式，同时可以减小文件。单击"确定"按钮将漫游文件导出为动画视频文件。

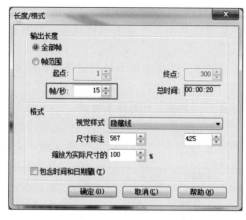

图 13-28

图 13-29

3）保存文件为"别墅-漫游.rvt"。

【任务小结】

本任务学习了创建漫游动画的方法。在实际操作过程中，为了达到好的漫游效果，需要不断反复调整漫游路径以及相机的设置。在漫游动画输出时，如果选择"真实"模式，根据所用计算机的性能，需要等待比较长的时间，经常是白天调整漫游设置，晚上由计算机进行漫游输出。

创建明细表

【项目概述】

　　明细表视图可以统计项目每个图元对象，生成各种不同样式的明细表。在施工图设计中，生成门、窗统计表和图纸列表。本项目通过创建窗明细表、材质明细表来掌握 Revit 2018 明细表的创建和编辑方法。

【项目目标】

　　1. 掌握明细表创建的基本方法。
　　2. 熟练掌握明细表的编辑方法。

任务　创建明细表

【任务描述】

　　使用 Revit 2018 创建别墅窗明细表及墙材质明细表，窗明细表样式如图 14-1 所示。

〈窗明细表〉							
A	B	C	D	E	F	G	H
设计编号	洞口尺寸		参照图集	总数	标高	备注	类型
	宽度	高度					
C0617	600	1700		1	1楼		上下拉窗1
C1817	1800	1700		2	1楼		中式窗3
C2427	2400	2700		4	1楼		中式窗3
C0617	600	1700		3	2楼		上下拉窗1
C1817	1800	1700		2	2楼		中式窗3
C2427	2400	2700		4	2楼		中式窗3
C0612	600	1200		1	3楼		上下拉窗1
C0617	600	1700		3	3楼		上下拉窗1
C1817	1800	1700		1	3楼		中式窗3

图　14-1

【知识链接】

　14.1.1　创建明细表视图

1. 明细表概述

明细表以表格形式显示图元信息，通过提取项目中图元的属性信息生成明细表，如图14-2

所示。

明细表与项目模型自动关联，明细表视图中显示的信息来自于模型数据库。

明细表的种类有 6 种：明细表/数量、图形柱明细表、材质提取、图纸列表、注释块、视图列表，如图 14-3 所示。

创建明细表视图

图 14-2   图 14-3

2. 创建窗明细表

绘制方法：选择"视图"选项卡→单击"创建"面板→"明细表"下拉列表→"明细表/数量→在"新建明细表"对话框的"类别"列表中选择"窗"→在"名称"文本框中会显示默认名称，也可以根据设计需求修改名称，如图 14-4 所示。

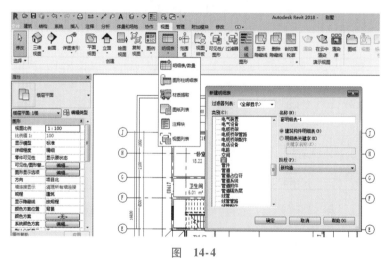

图 14-4

3. 明细表属性设置

（1）明细表属性 新建明细表名称修改后，单击"确定"弹出"明细表属性"对话框，在"明细表属性"对话框中有 5 中不同的面板：字段、过滤器、排序/成组、格式、外观，如图 14-5 所示。将"可用的字段"列表中的字段，添加到"明细表字段"列表中，如图 14-6 所示。

图 14-5   图 14-6

（2）编辑明细表字段 单击"可用的字段"框中的字段名称，然后单击"🢂"添加明细表字段。从"明细表字段"列表中单击不需要的"字段"名称，单击"🢀"移除明细表字段。在"明细表字段"列表下选择"字段"，通过单击"🢁"（上移）或"🢃"（下移），调整"字段"在明细表中显示的顺序，如图 14-7 所示。

在"明细表属性"对话框单击"排序/成组"选项卡，选择"字段"的排序方式，也可选择多个"字段"，实现叠加的排序方式，如图 14-8 所示。根据设计需求勾选"页眉""页脚""空行""总计""逐项列举每个实例"参数。

图 14-7   图 14-8

在"明细表属性"对话框单击"格式"选项卡，选择"字段"列表中的字段，修改"标题"文本框中显示的"字段"的名称，如图 14-9 所示。根据窗明细表的名称内容要求一一修改。

在"明细表属性"对话框单击"外观"选项卡，设置明细表内部网格线、外轮廓线以及"标题文本""标题""正文"的文字样式，如图 14-10 所示。

注意：窗明细表视图只有放在图纸空间上，"明细表属性"对话框"外观"图形中设置的网格线、轮廓线线型样式，才能发生改变，如图 14-11 所示。

图 14-9

图 14-10

窗明细表				
设计编号	洞口尺寸		参照图集	总数
	宽度	高度		
C0617	600	1700		1
C1817	1800	1700		2
C2427	2400	2700		4
C0617	600	1700		3
C1817	1800	1700		2
C2427	2400	2700		4
C0612	600	1200		1
C0617	600	1700		3
C1817	1800	1700		1

图 14-11

14.1.2 编辑明细表

单击"确定"完成明细表属性设置，自动切换至窗明细表视图，在选项卡上显示"修改明细表/数量"工具面板，在窗明细表视图中可以进一步编辑明细表的参数、列、行、标题和页眉、外观。单击"每一列"或者"窗明细表"都会出现相对应的明细表修改工具，如图 14-12 所示。

编辑明细表

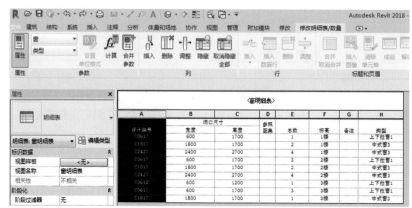

图 14-12

【任务实施】

建模流程：切换至"2 楼"楼层平面视图→"视图"选项卡→"创建"面板→单击"明细表"下拉按钮→"明细表/数量"命令→创建明细表。

1. 建模过程

打开项目十三任务 4 保存的"别墅-漫游 . rvt"文件。

1）在项目浏览器中双击"楼层平面"下的"2 楼"楼层平面视图。

2）单击"视图"→"明细表"选项卡，在下拉列表中单击"明细表/数量"，如图 14-13 所示，弹出"新建明细表"对话框，在弹出的对话框中单击"类别"下拉列表中的"窗"。在"名称"下面文本框中输入"窗明细表"，如图 14-14 所示。

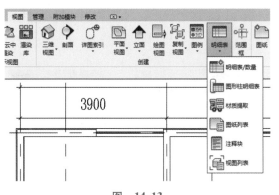

图 14-13   图 14-14

3）单击"新建明细表"对话框的"确定"按钮→弹出"明细表属性"对话框，如图 14-15 所示，在对话框的"可用的字段"下拉列表中，依次将列表中的"类型""高度""类型注释""宽度""标高""合计""族""说明"添加到右侧的"明细表字段"中，如图 14-16 所示。通过"上移"和"下移"参数按钮，调整"明细表字段"中的字段顺序。

图 14-15   图 14-16

4）单击"排序/成组"选项卡，如图 14-17 所示，弹出"明细表属性"对话框，设置"排序方式"为"标高"，排序顺序为"升序"，设置"否则按"排序方式为"类型"，排序顺序为"升序"，不勾选"总计"和"逐项列举每个实例"选项。单击"明细表属性"对话框→"格式"选项卡→"字段"列表中所有可用字段。单击"类型"字段，在"标题"文本框中修改为"设计编号”，如图 14-18 所示。剩余“字段”根据窗明细表所需要的名称一一对应修改。

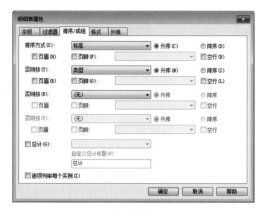

图 14-17

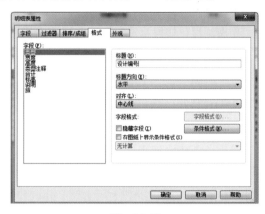

图 14-18

5）单击“明细表属性”→“外观”选项卡→勾选“网格线”和“轮廓”→设置“网格线”和“轮廓”线型。勾选“显示标题”和“显示页眉”，设置“标题文本”“标题”“正文”字体为“宋体”，如图 14-19 所示。单击“确定”按钮完成明细表属性面板参数设置。

6）在窗明细表视图中，单击“宽度”并按住鼠标左键移动至“高度”，单击“明细表/数量”选项卡中的“成组”工具，生成新的单元格，如图 14-20 所示。单击新的单元格，输入“洞口尺寸”为新的页眉名称，如图 14-21 所示。至此完成窗明细表的编辑。

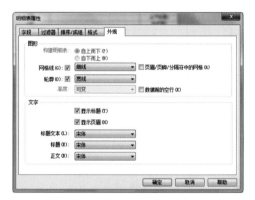

图 14-19

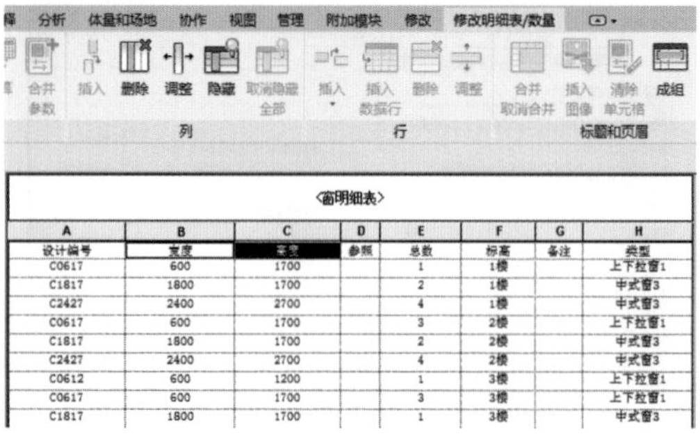

图 14-20

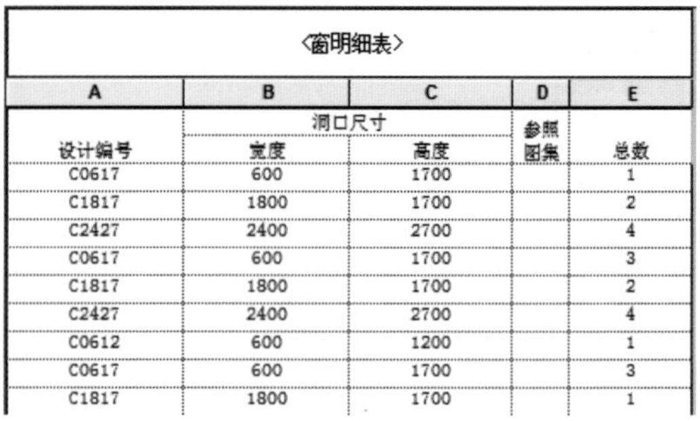

<窗明细表>

A	B	C	D	E
	洞口尺寸			
设计编号	宽度	高度	参照图集	总数
C0617	600	1700		1
C1817	1800	1700		2
C2427	2400	2700		4
C0617	600	1700		3
C1817	1800	1700		2
C2427	2400	2700		4
C0612	600	1200		1
C0617	600	1700		3
C1817	1800	1700		1

图 14-21

2. 创建墙材质明细表

1）单击“视图”选项卡→“明细表”，在下拉列表中单击“材质提取”，如图 14-22 所示，弹出“新建材质提取”对话框，在弹出的对话框中单击“类别”下拉列表中的“墙”。在“名称”下面文本框中输入“别墅-墙材质明细表”，如图 14-23 所示。

2）单击“新建材质提取”对话框的“确定”按钮。弹出“材质提取属性”对话框，在“材质提取属性”对话框的“可用的字段”下拉列表中，依次将列表中的“材质：名称”“材质：体积""添加到右侧的"明细表字段"中，如图 14-24 所示。切换到"排序/成组"选项卡，然后设置按"排序方式"为"材质：名称""排序顺序"为"升序"，不勾选"总计"和"逐项列举每个实例"选项，如图 14-25 所示。

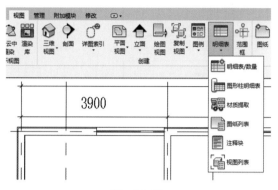

图　14-22

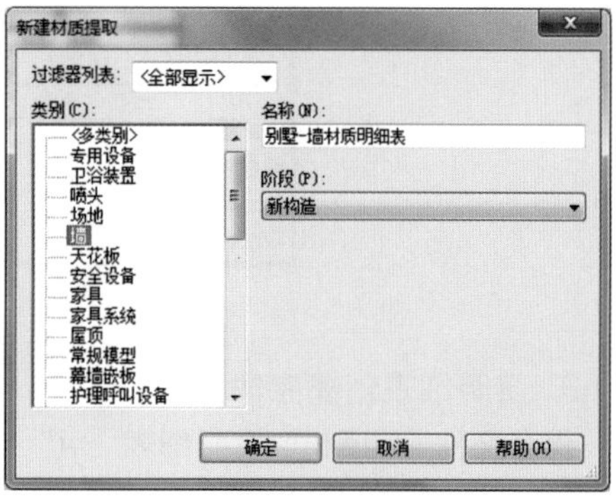

图　14-23

图　14-24

图　14-25

3）切换至"格式"选项卡，在"字段"列表中单击"材质：体积"，选择"计算总数"，如图 14-26 所示。切换至"外观"选项卡→勾选"网格线"和"轮廓"→设置"网格线"和"轮廓"线型。勾选"显示标题"和"显示页眉"，设置"标题文本""标题""正文"字体为"宋体"，如图 14-27 所示。

图　14-26

图　14-27

4）单击"确定"按钮，完成"材质提取属性"面板设置。自动切换至"别墅-墙材质明细表"视图，如图14-28 所示。

<别墅-墙材质明细表>	
A	**B**
材质：名称	材质：体积
外部叠层墙	0.86 m³
奶白色石漆饰面	13.06 m³
挡土墙	40.98 m³
石灰砖	121.61 m³

图 14-28

3. 窗明细表创建完毕

保存文件为"别墅-窗明细表 . rvt"。

【任务小结】

本项目主要学习了窗明细表的创建与编辑的方法。明细表主要通过提取不同对象的图元属性字段来创建。熟练掌握明细表各种参数设置及编辑方法，可以创建各种不同图元对象的明细表。

项目十五

应用注释

【项目概述】

在方案设计、初步设计、施工图设计图中，需要按照设计出图深度要求标注轴网尺寸、门窗洞口尺寸、室内外标高、屋面坡度等信息，进一步完成设计图中需要的注释内容。本项目主要介绍 Revit 2018 创建尺寸标注、高程点标注、高程点坡度标注方法和编辑。

【项目目标】

1. 认识注释族的适用范围。
2. 熟练掌握创建尺寸标注、高程点、高程点坡度的方法，熟练设置类型属性。

任务　创建应用注释

【任务描述】

使用 Revit 2018 如何添加尺寸标注、高程点标注、高程点坡度标注，如图 15-1a、b 所示。

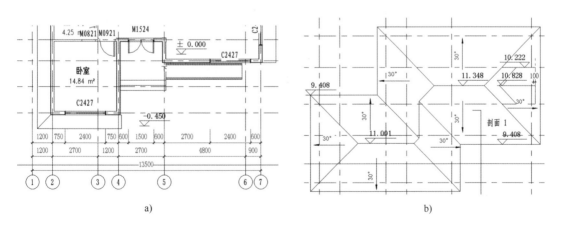

a)　　　　　　　　　　　　　　　　b)

图　15-1

【知识链接】

 15.1.1 添加尺寸标注

添加尺寸标注

1. 尺寸标注概述

在方案设计、初步设计、施工图设计图中，需要按照设计出图深度要求标注轴网尺寸、门窗洞口尺寸、室内外标高、屋面坡度等信息，进一步完成设计图中需要的注释内容。

在"尺寸标注"面板中，有对齐、线性、角度、半径、直径、弧长共6种不同形式的尺寸标注命令，如图15-2所示。

2. 创建尺寸标注

尺寸标注属于二维注释，标注的尺寸只在当前视图显示。

绘制方法：选择"注释"选项卡→单击"尺寸标注"面板→"对齐"→在"属性"框的类型选择器中选择"对角线-3mm固定尺寸"类型→标注尺寸→编辑尺寸，如图15-3所示。

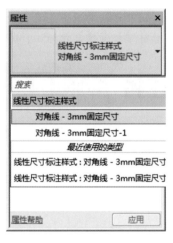

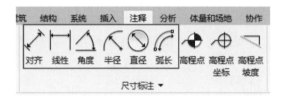

图 15-2

图 15-3

3. 图元属性设置

选择尺寸标注样式前，单击"属性"框中的"编辑类型"，在弹出的"类型属性"对话框中设置线性尺寸标注样式。主要参数有：记号、尺寸标注延长线、尺寸界线控制点、尺寸界线长度、尺寸界线延伸、颜色、尺寸标注线捕捉距离，如图15-4所示。文字大小、文字字体、文字背景、单位格式等参数设置，如图15-5所示。

在"类型属性"对话框中，类型参数字段"记号"下拉列表可选择不同箭头族类型，如图15-6所示。在"管理"选项卡→"设置"面板中单击"其他设置"下拉列表，在列表中单击"箭头"选项，如图15-7所示。

弹出箭头"类型属性"对话框，通过单击"复制"按钮新建不同的箭头类型"实心箭头15度"，单击"确定"完成类型名称新建，如图15-8所示。在"箭头样式"下拉列表中，选择"箭头"，勾选"填充记号"，调整"箭头宽度角"参数为"15.000"，"记号尺寸"参数为"3.000mm"，单击"确定"完成箭头类型名称的新建，如图15-9所示。

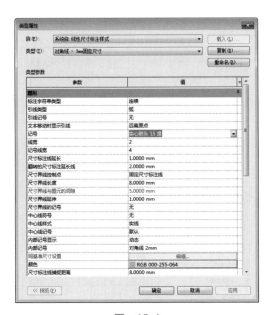

图 15-4

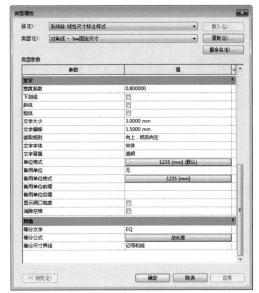

图 15-5

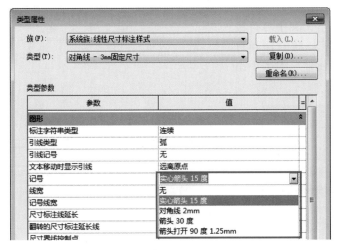

图 15-6

图 15-7

图 15-8

图 15-9

15.1.2 添加高程点和坡度

添加高程点
和坡度

绘制方法：选择"注释"选项卡→单击"尺寸标注"面板→"高程点"→在"属性"框的类型选择器中选择"正负平面标注"类型→标注高程。

选择高程点标注样式前，单击"属性"框中的"编辑类型"，在弹出的"类型属性"对话框中设置线性尺寸标注样式。主要参数有：符号、文字大小、文字字体、文字背景、单位格式、文字与符号的偏移量等，具体参数设置如图 15-10 所示。

在"类型属性"对话框中，类型参数字段"记号"下拉列表可选择不同"高程点"注释符号族。通过载入多个"高程点"注释族文件，设置不同的"高程点标注样式"，如图 15-11 所示。

在"类型属性"对话框中，"文字与符号的偏移量"的参数控制"文字"与"注释符号"的左右偏移。在"高程指示器"参数中添加"±"，如图 15-12 所示。

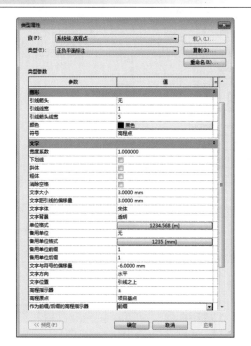

图 15-10

图 15-11

图 15-12

15.1.3 添加门窗标记

添加门窗标记

标记是在图纸中识别图元的注释。软件提供了"按类别标记"和"全部标记"两种工具，为项目添加门窗标记。标记门窗构件前，首先载入门窗标记族文件到项目中。

（1）绘制方法一　选择"注释"选项卡→单击"标记"面板→"按类别标记"→选择门窗构建，如图 15-13 所示。

提示："按类别标记"只能标记单个门窗。

（2）绘制方法二　选择"注释"选项卡→单击"标记"面板→"全部标记"→弹出"标记

图 15-13

所有未标记的对象"对话框,勾选门窗标记→创建门窗标记,如图 15-14 所示。

提示:一次性标记视图中所有未标记门窗。

(3)类型属性 在"类型属性"对话框中设置"引线箭头"样式,如图 15-15 所示。

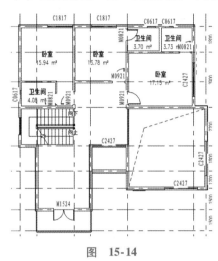

图 15-14

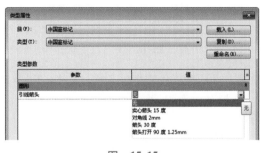

图 15-15

(4)编辑窗标记 双击"窗标记",切换至"中国窗标记"视图,单击"类型名称"→
"修改\标签"选项卡→"标签"面板→"编辑标签"按钮,如图 15-16 所示。弹出"编辑标
签"对话框,在"类别参数"下拉列表中,双击"类型名称",添加至右侧"标签参数"列表
里,如图 15-17 所示。

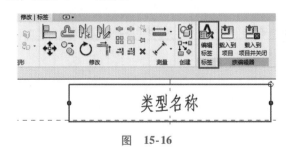

图 15-16

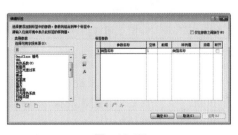

图 15-17

【任务实施】

建模流程:切换至"1"楼层→"注释"选项卡→"尺寸标注"面板→"对齐"按钮→标注
尺寸。

建模过程:

打开项目十四中保存的"别墅-窗明细表.rvt"文件。

1. 标注尺寸

标注"1 楼"楼层平面轴网尺寸。

1）在项目浏览器中双击"楼层平面"下的"1 楼"楼层平面视图。

2）单击"注释"选项卡→"对齐"尺寸标注按钮，如图 15-18 所示。选取轴网线并单击，重复此操作轴网进行连续标注，在空白处单击完成轴网标注，如图 15-19 所示。

图 15-18

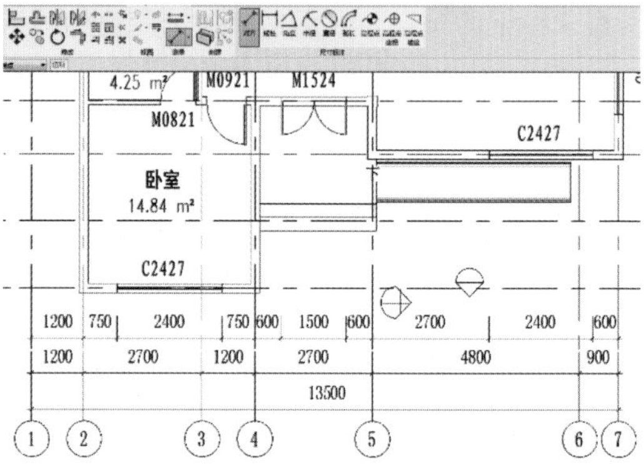

图 15-19

注意：在进行墙体尺寸标注时，需按<Tab>键进行选择切换。

2. 添加高程点和坡度

标注"1 楼"楼层平面室内外高程。

1）在项目浏览器中双击"楼层平面"下的"1 楼"楼层平面视图。

2）单击"注释"选项卡→"尺寸标注"面板→"高程点"标注按钮。在"属性"框的类型选择器中选择"三角形（相对）"类型。在"选项栏"面板中，不勾选"引线""水平段"，设置"显示高程"为"实际（选定）高程"，即显示图元上选定的高程"，如图 15-20 所示。在当前楼层平面视图中单击并移动鼠标，调整"高程点"标注的方向，再次单击，完成高程点标注。在"属性"框的类型选择器中选择"三角形（项目）"类型，进行室外高程点标注，如图 15-21 所示。

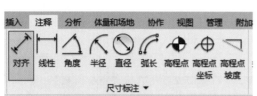

图 15-20

切换至"屋顶"楼层平面视图，单击"注释"选项卡→"尺寸标注"面板→"高程点坡度"按钮。单击坡屋面，完成屋面坡度标注，如图 15-22 所示。

3. 添加门窗标记

添加"1 楼"楼层平面门窗标记。

1）在项目浏览器中双击"楼层平面"下的"1 楼"楼层平面视图。

2）单击"注释"选项卡→"标记"面板→"全部标记"按钮。弹出"标记所有未标记的对象"对话框，勾选"窗标记""门标记"并单击"确定"，如图 15-23 所示。完成"1 楼"平面视图中所有门、窗标记的添加，如图 15-24 所示。

4. 门窗注释创建完毕

保存文件为"别墅-门窗注释 . rvt"。

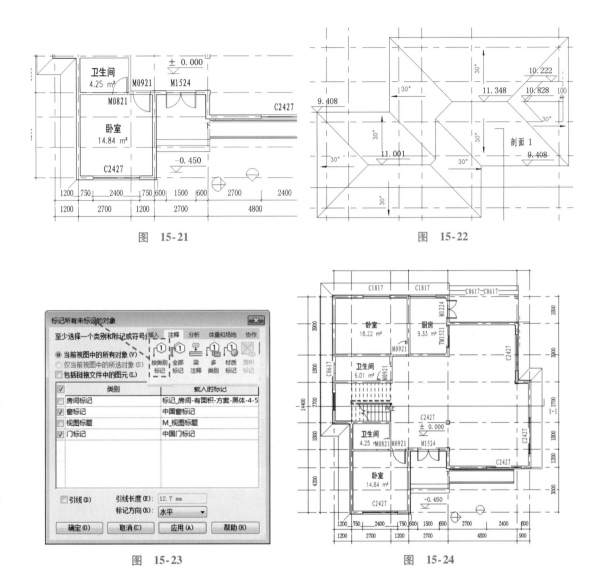

图 15-21

图 15-22

图 15-23

图 15-24

【任务小结】

本项目主要学习了尺寸标注、高程点、坡道的创建与编辑的方法。重点掌握注释"标记族"编辑标签字段的设置。熟练使用各种参数设置及编辑方法，可以创建各种不同的尺寸标注、高程点、坡道样式。

项目十六

布图与打印

【项目概述】

在建筑设计的过程中，图纸是交给业主或者施工单位的成品资料。在 Revit 软件中，可以将项目浏览器中的视图、明细表放置在图纸中，形成的图纸能够进行打印输出，也能够导出为 CAD 格式的文件，与其他软件进行信息交换。本项目主要介绍如何创建图纸、图纸修订以及版本控制、视图布置及视图设置，以及导出 CAD 时的图层设置方法等。

【项目目标】

1. 学习创建图纸和编辑图纸。
2. 学习导出 CAD 文件。
3. 学习打印输出。

任务 1 图纸布图

【任务描述】

完成 Revit 三维模型，创建完成平面视图及各类详图视图，并在视图中完成尺寸标注等注释信息，生成明细表后，可以将一个或多个视图组织在图纸视图中，形成图纸。本节主要介绍如何创建图纸和对图纸进行编辑，包括图纸修订与版本控制。

【知识链接】

 16.1.1 创建图纸

创建图纸

单击"视图"选项卡→"图纸组合"面板→"图纸"按钮，弹出"新建图纸"对话框，选择标题栏，如图 16-1 所示，标题栏实际上就是我们平时常说的图框。

对于建筑设计公司可以建立公司的标题栏，并调用。在此，我们使用软件自带的标题栏。单击"载入"按钮，弹出"载入族"对话框，找到系统族库文件夹，选择所需的标题栏，如图 16-2 所示，单击"打开"载入到项目中。

双击打开项目浏览器中"图纸"下的图纸视图，单击"视图"选项卡→"图纸组合"面板→"视图"按钮，弹出"视图"对话框，列举了项目当中所有可用的视图，选择需要放在图纸中的视图，摆放到图纸中的合适位置。

图　16-1　　　　　　　　　　　　　　　　图　16-2

16.1.2　编辑图纸

在图纸视图中可以对图纸属性、标题栏属性、视口属性进行设置修改。

在图纸属性面板中，包括了审核者、设计者、图纸编号、图纸名称等实例属性，可以进行编辑修改，如图 16-3 所示。

在图纸中放置的视图称为"视口"，Revit 会自动为视图添加标题，默认放置在视口的底部。按照不同的制图规范，视图标题有不同的表示方式，在需要时可以自行创建视图标题族，然后在视口类型属性中的"标题"选项进行调用。

视口在图纸中的大小受视图比例、裁剪区域影响，可以在视口属性面板中的"视图比例"选项修改比例，在"裁剪视图"选项中决定是否根据裁剪区域进行视图裁剪，如图 16-4 所示。

编辑图纸

图　16-3　　　　　　　　　　　图　16-4

视口的大小也可以通过原有视图的"视图控制栏"实现，如图 16-5 所示。

选择标题栏，可以显示标题栏属性，通过类型属性可以修改标题栏的类型，如图 16-6 所示。

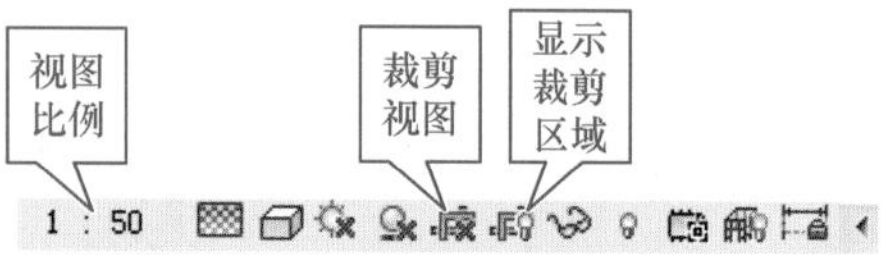

图 16-5

图 16-6

16.1.3 图纸修订与版本控制

在项目设计过程中，经常需要对图纸进行修改和修订，对不同的图纸版本进行管理。Revit 提供记录和追踪这些修订的手段，比如修订的位置、修订的时间、修订的原因、执行者等，Revit 通过图纸发布修订工具以及云线进行管理。

Revit 可以对设计过程中不同阶段的图纸发布进行定义和管理。单击"视图"选项卡→"图纸组合"面板→"修订"按钮，在弹出的"图纸发布/修订"对话框中可以定义阶段性图纸的发布日期、发布说明、接收对象、发布者、是否已发布等内容，以及修改内容标记的显示方式，如图 16-7 所示。

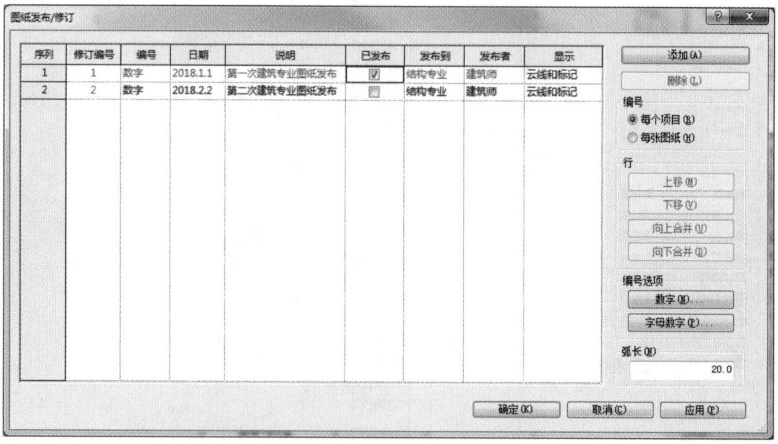

图 16-7

修订内容采用云线批注的形式进行标记。单击"注释"选项卡→"详图"面板→"云线批注"按钮 ，在视图中对需要标记的位置进行云线批注，云线批注"属性"对话框，如图 16-8 所示，可以将云线批注关联到上述的修订版本中，也可以对"标记"和"注释"进行描述。而对于在"图纸发布/修订"对话框中已经勾选"已发布"的修订版本不能进行关联，从而实现对修订版本的控制。

图　16-8

【任务实施】

创建流程："视图"选项卡→"图纸组合"面板→"图纸"按钮→"新建图纸"对话框→"选择标题栏"。

创建过程：

打开项目十五中保存的文件"别墅-门窗注释.rvt"。

1. 新建与编辑图纸

1）单击"视图"→"图纸组合"→"图纸"按钮 ，弹出"新建图纸"对话框，单击"载入"按钮，打开"载入族"对话框，在 Revit 自带的"标题栏"族文件夹中，选择"A1 公制.rfa"族文件，单击"打开"按钮，载入 A1 图框，"载入族"对话框关闭。

2）"新建图纸"对话框的"选择标题栏"中增加"A1 公制"选项，并显示被选中，单击"确定"按钮，关闭"新建图纸"对话框。在项目浏览器中，增加"图纸"目录，并增加了一个"A101-未命名"视图。

3）在属性面板中查看"图纸"属性，在"图纸名称"选项中修改图纸名称为"一层平面图"，此时项目浏览器中的图纸视图名称同时被更新为"A101-一层平面图"。

4）在项目浏览器中双击"楼层平面"下的"1 楼"楼层平面视图。单击属性面板→"可见性/图形替换"→"编辑"按钮，弹出"1 楼的可见性/替换"对话框，在"模型类别"选项卡中取消勾选"地形""场地""植物""环境"选项，使视图中的场地、树、车图元类型在视图中不显示。单击"注释类别"选项卡，对"立面"选项取消勾选，隐藏视图中立面标记。

5）单击"视图控制栏"→"裁剪视图"按钮 ，单击"视图控制栏"→"隐藏裁剪区域"按钮 ，此时属性面板"裁剪视图""裁剪区域可见"选项被勾选，调整一层平面视图显示如图 16-9 所示。也可以通过属性面板的"裁剪视图""裁剪区域可见"选项对视图显示进行控制。

6）在项目浏览器中双击"图纸"下的"A101-一层平面图"图纸视图。单击"视图"→"图纸组合"→"视图"按钮 ，弹出"视图"对话框，选择"楼层平面：1 楼"选项，如图 16-10 所示，单击"在图纸中添加视图"按钮。所添加的视图在绘图区域以方框显示，单击鼠标左键将一层平面视图放置在图框内。

7）添加到图框中的内容包括一层平面视图视口和视图名称，如图 16-11 所示。移动鼠标到视口范围内，单击鼠标并按住不放，移动鼠标可以移动视口，按 <Esc> 键退出。单击图框中的视图名称"1 楼"，选择视图名称，再次单击鼠标左键并按住不放，移动鼠标可以改变视图名称的放置位置。

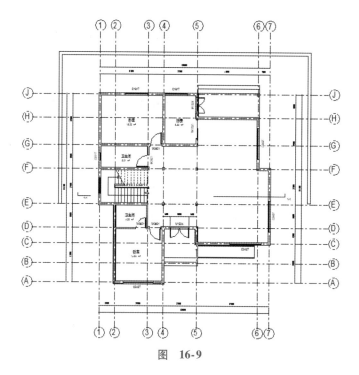

图 16-9

图 16-10

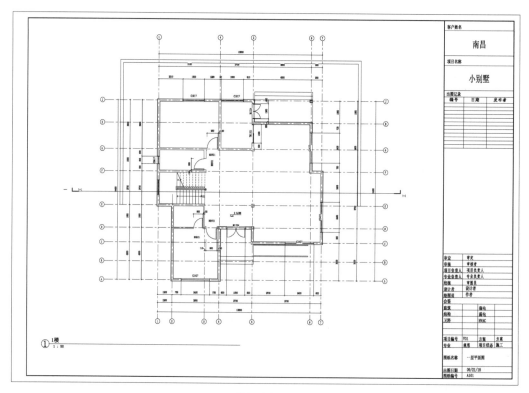

图 16-11

8）在平面视图视口内任一点，单击鼠标右键，在下拉式菜单中选择"激活视图"，如图 16-12 所示，进入视图编辑模式，图框灰色显示，在此模式下的修改编辑与在"1楼"平面视图中的操作是一样的。在"视图控制栏"中单击视图比例由1:50修改为1:100,此时视图缩小½显示,再次单击视图比例由1:100改回1:50。在平面视图视口内任一点,单击鼠标右键,在下拉式菜单中选择"取消激活视图"。

2. 图纸修订与版本控制

1)单击"视图"→"图纸组合"面板→"修订"按钮，弹出"图纸发布/修订"对话框。将第一行的"日期"栏改为"2018.1","说明"改为"建筑提资","发布到"改为"结构专业","发布者"改为"建筑专业"。勾选"已发布",此时第一行的内容灰色显示,表示不可更改。

2)单击"添加"按钮,在第一行的修订下增加一行序号为"2"修订,"日期"栏改为"2018.2","说明"改为"结构提资","发布到"改为"建筑专业","发布者"改为"结构专业"。单击"确定"按钮关闭对话框。

3)单击"注释"→"详图"面板→"云线批注"按钮，在位于⑤轴和Ⓔ轴的柱子的左上方单击鼠标,移动鼠标到柱子右下角,再次单击鼠标,为柱子添加云线批注。在属性面板中,将"标记"选项改为"需要把柱子取消"。单击"上下文选项卡"的"完成编辑模式"按钮，完成云线批注,如图16-13所示。

图 16-12

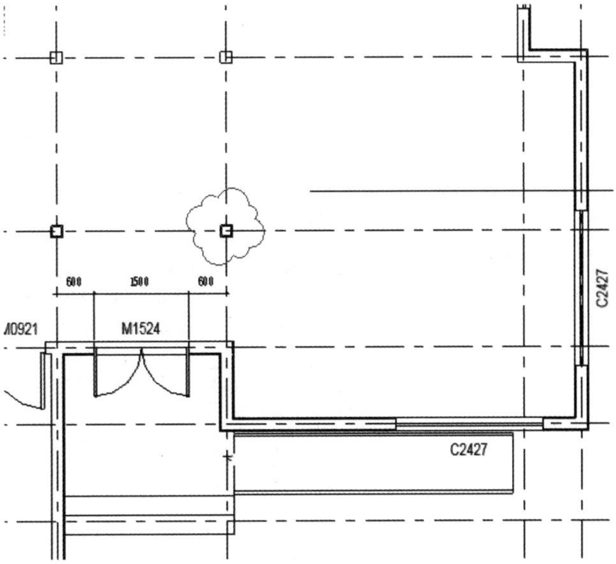

图 16-13

4)再次选择柱子的云线批注,在属性面板中,单击"修订"下拉式菜单,有上面定义的序列1和序列2两个选项,单击"序列1（已发布）"选项,弹出对话框,提示无法将云线修订添加到已发布的修订中。

5)为了不在视图中显示云线批注,单击"视图"→"图纸组合"面板→"修订"按钮，弹出"图纸发布/修订"对话框,单击第二行的"显示"下拉式菜单,选择"无"选项,如图16-14所示。

图 16-14

6）保存文件为"别墅-布图打印 . rvt"。

【任务小结】

在本小节中学习了图纸的创建和编辑方法，对视图显示的控制方法，以及图纸的修订与版本管理。在实际工程中，有时在一张图纸中会布置多个视图，用户可以按照上面的方法逐个放置。

任务 2　打印与图纸导出

【任务描述】

在图纸布置完成后，可以将图纸通过打印机打印出来，也可以将视图或图纸转换为 CAD 格式的文件，以便交换设计成果。本节将介绍如何打印出图和文件格式转换。

【知识链接】

 16. 2. 1　导出为 CAD 文件

导出为 CAD 文件

项目浏览器的视图（平面、立面、剖面、图纸等）可以导出成 DWG、DXF、DGN 和 ACIS（SAT）格式。

在"应用程序按钮"→"导出"→"选项"中可以设置导出属性，选择"导出设置 DWG/DXF"选项，弹出"修改 DWG/DXF 导出设置"对话框，如图 16-15 所示。在该对话框中可对导出 CAD 时需设置的图层、线型、填充图案、文字和字体、颜色、单位和坐标等进行设置。

图　16-15

在"层"选项卡中，Revit 中的图元类型与 CAD 中的图层被一一对应，可以自行设置在 CAD 中的图层名称、颜色 ID 等。Revit 软件预设了一些图层设置的标准，比如"美国建筑师学会标准（AIA）""ISO 标准 13567"等，方便用户快速选择。

单击"应用程序"按钮→"导出"→"CAD 格式"→"DWG"，弹出"DWG 导出"对话框，如图 16-16 所示。单击"选择导出设置"的"..."按钮可以调出上述的"修改 DWG/DXF 导出设置"对话框进行设置，在导出栏中选择需要导出的视图和图纸。定义导出的文件名、文件版本以及选择 CAD 外部参照模式后完成文件导出。

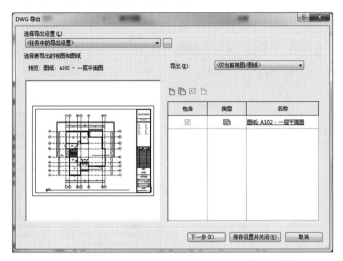

图　16-16

单击"下一步"按钮，弹出"导出 CAD 格式"对话框，如图 16-17 所示，定义导出的文件名、文件版本以及选择 CAD 外部参照模式后完成文件导出。CAD 的外部参照模式"将图纸上的视图和链接作为外部参照导出"勾选时，视图中的链接文件以及图纸中的视图视口将导出为单独的 DWG 文件，并以外部参照的方式链接到直接导出的视图中。如果不勾选，则导出为一个独立文件。

图　16-17

16.2.2　打印

打印

Revit 项目浏览器中的图纸和视图可以通过打印机打印出来，在打印之前需要将打印机与计算机连接和设置好。

单击"应用程序菜单"→"打印"→"打印"选项，弹出"打印"对话框，如图 16-18 所示。

在对话框中可以选择打印机，设置打印范围等。

单击"设置"栏的"设置"按钮，弹出"打印设置"对话框，如图 16-19 所示，可以对打印纸张的尺寸、方向、页面的位置、缩放比例、打印效果进行设置。对于打印效果，可以在"外观"栏对图像的"光栅质量"和打印的"颜色"进行设置。

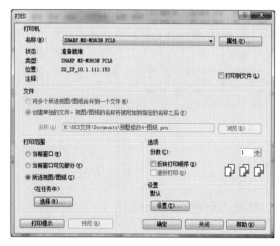

图 16-18　　　　　　　　　　图 16-19

【任务实施】

工作流程："应用程序菜单"→"打印"→"打印"选项。

工作过程：

打开任务 1 保存的文件"别墅-布图打印 . rvt"。

1. 打印视图/图纸

1）单击"应用程序菜单"→"打印"→"打印"选项，弹出"打印"对话框。单击"打印范围"栏"所选视图/图纸"选项，单击"选择"按钮，弹出"视图/图纸集"对话框，如图 16-20 所示。在对话框中可以勾选需要打印的图纸，可以多选。取消勾选"视图"，只保留图纸显示，勾选"图纸：A102-一层平面图"，单击"确定"按钮，弹出"保存设置"对话框，单击"是"按钮可以对当前所选视图/图纸的设置进行保存，方便下次直接调用，单击"确定"按钮，关闭"视图/图纸集"对话框。

2）单击"设置"栏的"设置"按钮，弹出"打印设置"对话框。单击"纸张"栏的"尺寸"下拉式菜单，选择纸张尺寸。不同打印机型号可以支持的打印纸张尺寸不同，大型打印机可以打印 A1 甚至更大尺寸的图纸，而一般办公用的台式打印机只可以

图　16-20

打印 A3 的图纸。在本任务中，所连接的打印机最大只可以打印 A3 的图纸，因此在下拉式菜单中可以选择到的图纸也是 A3。

3）在"页面位置"栏，单击"中心"选项，将打印图纸布置与纸张的中心。

4）在"缩放"栏，单击"匹配页面"选项。在本任务中，打印的一层平面图纸尺寸是 A1，而打印机只最大支持 A3 图纸，选择"匹配页面"选项可以将图纸自动缩放到打印纸张大小，如果选择"缩放"，自定义缩放比例，打印机将按比例只打印图纸 A3 大小的范围。

5）在"外观"栏的"颜色"选项，单击下拉式菜单选择"黑白线条"选项。

6）在设置完成后，单击"确定"按钮，弹出"保存设置"对话框，单击"否"按钮，不对设置进行保存，关闭"打印设置"对话框。

7）单击"打印"对话框的"确定"按钮完成打印。

2. 导出 CAD 文件

1）单击"应用程序菜单"→"导出"→"CAD 格式"→"DWG"选项，弹出"DWG 导出"对话框。

2）单击"导出"下拉式菜单，选择"任务中的视图/图纸集"，单击"按列表显示"下拉式菜单，选择"模型中的图纸"，勾选需要导出的图纸"图纸：A102-一层平面图"。

3）单击"下一步"按钮，弹出"导出 CAD 格式"对话框，在文件浏览器栏选择保存路径，在"文件类型"下拉式菜单中选择"AutoCAD 2014 DWG 文件"，将文件导出为 2014 版本，取消勾选"将图纸上的视图和链接作为外部参照导出"，将文件导出为一个独立文件。

4）单击"确定"完成导出 DWG 文件。打开 Windows 文件浏览器，找到刚刚保存的文件目录，可以看到导出的 DWG 文件，如图 16-21 所示。同时生成的还有一个后缀为 .pcp 的同名文件，是打印设置文件。

图 16-21

【任务小结】

在本节中学习了项目中视图/图纸的打印和导出 CAD 格式文件的方法。Revit 还可以导出其他格式的文件，比如 FBX 格式，这种格式可以被 3ds Max 软件直接读取，制作出效果更好的渲染图。

参 考 文 献

［1］ Peter Routledge，Paul Woddy. Autodesk Revit 2017 建筑设计基础应用教程［M］. 北京：机械工业出版社，2017.

［2］ 廖小烽，王君峰. Revit 2013/2014 建筑设计火星课堂［M］. 北京：人民邮电出版社，2013.

［3］ 王婷. 全国 BIM 技能培训教程：Revit 初级［M］. 北京：中国电力出版社，2015.

［4］ Autodesk Asia Pte Ltd. Autodesk Revit 2013 族达人速成［M］. 上海：同济大学出版社，2013.